THE COOK'S ENCYCLOPEDIA OF SOUP

湯品燉煮事典

晨星出版

THE COOK'S ENCYCLOPEDIA OF SOUP
湯品燉煮事典

黛泊拉‧梅修（Debra Mayhew） 著

方蓉、劉彥君 合譯

晨星出版

目錄

本書計量單位：
一小匙＝5公克
一大匙＝15公克
一杯＝250公克

序

本書收錄的各種湯類，將激發您無窮的靈感，如炎炎夏日，讓您味覺陶醉的淡雅清湯、如天鵝絨滑過味蕾的奶油濃湯、寒冬溫暖心頭給您慰藉的香辣湯、還有當饑餓來襲時能作午餐享用、飽含食物精華的營養燉湯。

在世界任何一種飲食文化中，很少有一種美食能像親自精心烹調的湯，帶給人們全方位的享受，無論湯的名字是濃湯、羹湯、高湯還是清湯。如今，在許多專門的食品店和超級市場中，很容易就能買到各式各樣煮湯的材料。湯的世界，就等著您親自來探索了！

您也可以造訪歐洲，品嘗五花八門的美味湯品：從法國香濃的蔬菜蒜泥濃湯、西班牙清爽的涼菜湯到德國溫暖的小扁豆培根湯。以及來自英倫島的傳統燻鱈魚馬鈴薯湯，和羅馬尼亞蘋果湯、俄羅斯經典羅宋湯等各類湯品；摩洛哥雞肉細麵湯與加納的燻鱈魚秋葵莢湯；還有來自東方味道濃郁、湯體透明的傳統酸辣湯、日本令人著迷的蝦球蛋結湯，也散發著不可抗拒的誘惑。同時不要錯過美國的臘腸海鮮濃湯和墨西哥哈拉帕式雞肉酪梨紅椒湯的美味。

美味的湯品其實很容易做，特別是經過您能精心挑選新鮮且符合時令的材料。高湯是湯品的製作基礎，十分花時間，但可以事先多做一些冷凍備用，以供不方便製作高湯時使用。本書開頭，將會提供一些蔬菜、魚類、肉類、禽類、中式和日式高湯的基本配方。

即便是最簡單的湯，經過適當的裝飾也能提升它的價值。用心思考如何展示您的湯品，能使得您的手藝更專業和完美。比如湯碗中擺置的烤麵包片和生脆的青蒜，可以傳達一種質地和味道上的對比與互補。您不妨試試本書中建議的裝飾，然後在自己的創意發揮中盡享樂趣！

書中每道湯的食譜都有逐步的說明和插圖，提供全程指導，精美的彩圖還展示了成品的外觀。多嘗試這些美味的食譜，將能夠很快樹立您的信心，改造過去的基本食譜，創造您自己的最愛。

不吃魚類和肉類的讀者可以尋找旁邊帶有標記的食譜，表示適合素食主義者。這些食譜材料中不含魚類和肉類產品，但含有乳酪。如有需要，可以用素食產品替換傳統乳酪。在日式的傳統配方，我們附有素食版配方。除此之外，許多蔬菜湯和豆子湯中使用的雞湯，也可用蔬菜高湯替代。無論您是位初出茅廬的新手，或是經驗豐富的湯廚，都可以在這本中找到所有需要的靈感。

製作高湯 *Making stocks*

　　要自製美味的湯品，新鮮的高湯是不可或缺的，它們能提供水所不能達到的香醇滋味。

　　現在許多超級市場都有販售現成的新鮮高湯，但價格並不便宜。如果在烹飪時大量使用，則在成本上會十分昂貴。其實自己製作高湯非常的簡單而且也便宜許多，例如巧妙利用食物所剩材料：週日午餐剩下的雞骨頭、從蝦子身上取下的蝦殼等等。自製的高湯不僅省錢，而且味道會更鮮美、營養更豐富。因為這些材料都是新鮮且自然的。

　　當然，您也可以使用現成的高湯塊或高湯粉，但千萬不要忘了要事先品嘗調味料的味道。因為製作出來的高湯通常口味較重。

　　聰明的煲湯廚師還有一個好辦法，便是將自製的高湯盛在密封塑膠袋或製冰盒中冷凍起來。這樣一來，無論什麼時候需要，都可隨時取用。在冷凍庫中，高湯的時間可儲存長達六個月。別忘了在每種高湯上貼好標籤，以便日後識別。

　　做湯時應選用合適的高湯。比如牛肉汁可使洋蔥湯更美味。特別要小心的是，在招待素食主義者時，應使用蔬菜高湯。

　　在接下來的幾頁內容中，我們將會向您介紹蔬菜、雞、肉、魚高湯和中式、日式高湯的基本配方。

素 蔬菜高湯 *Vegetable stock*

這種蔬菜高湯可作為所有蔬菜湯的湯底。

材料（11杯）	
青蒜（切成長段）	2根
芹菜莖（切成長段）	3根
大洋蔥（帶皮，切塊）	1個
鮮薑（切塊）	2塊
黃椒（去籽，切塊）	1棵
防風根（切塊）	1棵
香菇梗	
去皮蕃茄	
淡味醬油	3大匙
月桂葉	3片
巴西利	
新鮮的百里香	3枝
新鮮的迷迭香	1枝
鹽	2小匙
新鮮研磨的黑胡椒粉	
冷水	15杯

❶ 所有材料放入大湯鍋中，慢慢加熱至沸騰，再以小火，煮30分鐘，期間要適當攪拌。

❷ 靜置冷卻後過濾、撈出蔬菜，湯汁便可使用了。或者冷藏、冷凍，以備日後使用。

魚高湯 *Fish stock*

魚高湯比其他肉類高湯更容易製作。可向魚販商取得白色魚的魚頭、魚骨和魚雜碎肉。

材料（4杯）

白色魚的魚頭、魚骨和魚雜碎肉	675克
洋蔥（切薄片）	1個
帶葉芹菜莖（切段）	2根
胡蘿蔔（切片）	1個
檸檬（切片，自選）	$\frac{1}{2}$個
月桂葉	1片
新鮮巴西利	
黑胡椒粒	6個
冷水	6杯
乾白葡萄酒	$\frac{2}{3}$杯

1 清洗魚頭、魚骨和魚雜碎肉。放入湯鍋，並加入蔬菜、檸檬（若選用）、香料、胡椒粒、水和白葡萄酒。加熱至沸騰後，將火關小，再加熱25分鐘，期間要不時撈起浮在湯汁表面的雜質。

2 過濾，但不要擠壓濾網中的材料。如不是馬上要使用，則冷卻之後冷藏。魚高湯應在2天內使用，否則要冷凍。在冷凍條件下可保存3個月。

雞湯 *Chicken stock*

一鍋好的自製雞湯在廚房裡是無價之寶。如果許可的話，可將內臟與雞翅一起放入鍋中（肝除外）。做好以後，雞湯倒入密封容器放入冰箱裡可保存3至4天，如果冷凍，可保存的時間更久（最長可達6個月）。

材料（11杯）

雞或火雞（雞翅、雞背和雞脖子）	1200至1500克
洋蔥（不剝皮，切成四等分）	2個
橄欖油	1大匙
冷水	$17\frac{1}{2}$杯
胡蘿蔔（切塊）	2根
芹菜（最好帶葉，切成長段）	2根
新鮮巴西利	
新鮮的百里香或$\frac{3}{4}$小匙乾百里香	
月桂葉	1到2片
黑胡椒粒（微微壓碎）	10粒

1 將雞翅、雞背、雞脖子、洋蔥塊和油放入鍋中，用小火加熱並不停攪拌，直到雞肉和洋蔥變成均勻的淡褐色。

2 加水，充分攪拌沈澱在鍋底的部分。煮滾後撈去浮在高湯表面的雜質。

3 加入胡蘿蔔塊、芹菜、巴西利、百里香、月桂葉和黑胡椒粒。斜蓋上鍋蓋，用小火加熱3小時。

4 高湯過濾放入碗中，待冷卻後再冰進冰箱冷藏1小時。

5 冷藏後，小心地撈起表面上的脂肪。然後可在冰箱中冷藏3至4天，或冷凍日後使用。

大骨高湯 *Meat stock*

要做出最美味的大骨高湯，必須有一鍋好的自製高湯做基礎。如果沒有時間親自做，也可以使用高湯塊。但是如果做好了，可以在冰箱中冷藏4至5天，或者冷凍可以長時間存放。

材料（9杯）

牛骨（比如脛、腿和頸，或小牛或羔羊的骨頭，切成6公分長段）	1750克
洋蔥（不剝皮，切成四等分）	2個
胡蘿蔔（切塊）	2棵
芹菜（最好帶葉，切成長段）	2根
蕃茄（切大塊）	2個
冷水	20杯
巴西利	
新鮮的百里香或$\frac{3}{4}$小匙乾百里香	
月桂葉	2片
黑胡椒粒（輕輕壓碎）	10粒

❶ 預熱烤箱至230℃。將骨頭放入一個較深的烤盤中，在烤箱內烤30分鐘，不時翻面，直至骨頭開始變至褐色。

❷ 將洋蔥、胡蘿蔔、芹菜和蕃茄加入烤盤裡，並塗抹油。繼續加熱20到30分鐘，直至骨頭完全變褐色。過程必須要不停攪拌。

❸ 將骨頭和烤過的蔬菜撈到湯鍋中，並把烤盤裡的油脂撈出。加一些水，並且把烤盤移到爐子上以火煮滾。充分攪拌並撈起褐色的雜質。再將剩下的湯汁倒入湯鍋裡。

❹ 將剩下的水加入湯鍋，沸騰後將表面上的泡沫撈去。加入巴西利、百里香、月桂葉和胡椒粒。

❺ 斜蓋上鍋蓋，以小火加熱高湯4至6小時。期間可適時加入滾水，不要讓骨頭和蔬菜露出水面。

❻ 過濾高湯，並在撈去表面所有的油脂。如果時間允許，可以將高湯冷卻後置入冰箱冷藏，脂肪會浮在表面並凝結成一層，會更容易清理。

中式高湯 *Stock for Chinese Cooking*

這種高湯是做湯時最好的湯底。

材料 (11杯)	
雞肉塊	675克
豬肋骨	675克
冷水	16杯
鮮薑（不去皮，拍碎）	3至4塊
蔥（每一根單獨打成結）	3至4根
中式米酒或乾雪利酒	3至4大匙

❶ 去掉雞肉塊和豬肋骨上的多餘脂肪，並切塊。

❷ 將雞肉塊和豬肋骨塊與水一起放入大湯鍋，加入薑和打成結的蔥。

❸ 沸騰，濾掉表面的泡沫。將火關小，不蓋鍋蓋，燉煮2至3小時。

❹ 過濾，去掉雞肉塊、豬肋骨、薑和蔥結。加入適量米酒或雪利酒，再加熱沸騰。煮2至3分鐘，冷卻後放入冰箱冷藏，可保存4至5天。或者盛入小容器中冷凍起來，需要時解凍後即可使用。

日式高湯 Stock for Japanese Cooking

出汁Dashi是讓許多日本料理展現道地風味的高湯，被用來為一些諸如湯類的精緻菜肴添加滋味。在所有的日本超級市場裡，都可以買到，有的是顆粒、有的是濃縮液還有的則被做成茶包式。使用快速高湯，只需參照包裝後的說明即可。

材料（3½杯）

乾海帶	10克
柴魚	10至15克

參考做法

要製作素食版的出汁，只需去掉材料中的柴魚片。

❶ 用濕布潤濕海帶，並用剪刀在海帶上剪出兩道開口，以便味道能更容易溶入湯汁。

❷ 在3¾杯冷水中將海帶浸泡30至60分鐘。

❸ 用小火將海帶在浸泡過的水中加熱，在即將滾開的時候撈出海帶，加入柴魚片，用大火煮沸騰。之後把湯鍋移開。

❹ 靜置，直到所有的柴魚片都沈降到鍋底。在一個濾網鋪上一張廚房用吸油紙或薄細的棉布，緩緩過濾至碗中。

裝飾配菜 *Garnishes*

有時，一道湯需要一些東西來使它更與眾不同，那就是裝飾配菜。配菜具有畫龍點睛的功效並能帶來小驚喜。不只是增加湯的美觀，而且能在味覺上帶來多角度的享受。一道湯的裝飾，可以簡單到像零星的巴西利末、一些奶油或是一點新鮮起司粉。此外，也可以是一些吸引注意力的東西，比如手工自製的烤麵包塊。這裡介紹的每一樣裝飾都適合素食者。

麵團 *Dumplings*

這些麵團製作簡便，能使得田園湯品看起來更加美味誘人。

材料：

粗粒小麥粉或中筋麵粉	$\frac{1}{2}$ 杯
雞蛋（打勻）	1個
牛奶或水	3大匙
鹽	
切碎的新鮮巴西利	1大匙

❶ 將所有的材料混在一起，揉製成柔軟、有彈性的麵團。用乾淨的保鮮膜覆蓋，靜置5至10分鐘。

❷ 用球形的甜食勺將麵團一勺一勺盛入湯中，煮10分鐘左右，直至麵團變結實。

香脆烤麵包丁 *Crispy Croutons*

烤麵包丁能為奶油濃湯增添美味的香脆口感，也是巧妙利用剩餘麵包的好辦法。切成薄片的義大利拖鞋麵包或者法國麵包最適合。

材料：

麵包

高品質的油（比如葵花籽油或花生油。若希望得到強烈一些的味道，可以使用特級初榨橄欖油，或添加了大蒜、香料、紅辣椒等味道的油）

❶ 預熱烤箱至200℃將麵包片切成小方塊，放在烤盤上。

❷ 用刷子刷上油，烤約15分鐘，直到麵包丁變成金色並變脆。讓麵包丁冷卻。冷卻後，麵包丁會變得更加香脆。

❸ 在密封容器中，麵包丁可以保存長達一周。如果喜歡的話可以在食用前放進溫熱的烤箱中再次加熱。

湯糰 *Rivels*

湯糰是豌豆大小的麵團，在湯中煮熟後會膨脹。

材料：

雞蛋	1個
中筋麵粉	$\frac{3}{4}$ 至1杯
鹽	$\frac{1}{2}$ 小匙
新鮮研磨的黑胡椒粉	

❶ 在碗中把雞蛋打勻，加入麵粉、鹽和胡椒。用木勺攪拌混合。然後用手攪拌揉搓，讓雞蛋和麵粉混合均勻，最後搓成豌豆大小的顆粒。

❷ 將湯煮滾，撒入湯糰，輕輕攪拌一下，關小火，煮約6分鐘，直到湯糰輕微膨脹並熟透，即可享用。

奶油漩渦 *Swirled Cream*

漩渦狀的奶油是許多湯的經典裝飾，比如滑順的蕃茄湯和爽口的蘆筍湯。儘管技術十分簡單，但別具匠心的裝飾還是能讓湯更具專業水準。

材料：

淡味鮮奶油	

❶ 將奶油盛入一個有嘴的，便於傾倒的水壺裡。在每盤湯的表面倒上漩渦狀的奶油。

❷ 拿住一把小叉子的柄，讓叉子在奶油中快速來回移動，畫出精緻的圖案，即可享用。

麵包片 *Sippets*

這是另外一個利用剩餘麵包片的好辦法。麵包片比烤麵包丁大塊，並且因為表面加有香料，所以有著更濃烈的香味。您可以根據湯的口味嘗試使用不同的香料。

材料：

剩餘麵包	3片
奶油	4大匙
切碎的新鮮巴西利、胡荽或者羅勒	3大匙

❶ 將麵包切成大約2.5公分的條狀。

❷ 在煎鍋中把奶油溶化，放入麵包片翻炒，將麵包片慢慢炒至深黃色。

❸ 加入新鮮的香料，和麵包片充分混合。繼續不停地攪拌一分鐘。將麵包片撒在湯盤中，即可食用。

青蒜絲 *Leek Haystacks*

金黃的青蒜絲躺在奶油濃湯上看起來十分誘人，生脆的口感能和香滑的湯相得益彰。

材料：

大青蒜	1根
中筋麵粉	2大匙
適宜炸的油	

❶ 先將青蒜縱向地切成兩半，再切成 $\frac{1}{4}$。然後切成5公分的段，接著切成非常細的絲。放入一個碗中，撒上麵粉，攪拌，使得青蒜外面完全被麵粉包裹。

❷ 將油加熱到160℃，用小勺將裹了麵粉的青蒜放入油裡，炸30至45秒直至變成金黃色。在吸油紙上瀝乾油。重複步驟製作剩下的青蒜。

❸ 在每盤湯的表面放一撮青蒜，即可食用。

 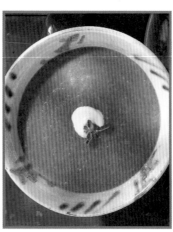 

淡雅清湯
LIGHT & REFRESHING SOUPS

蘆筍冷湯 Chilled Asparagus Soup

這道精緻、嫩綠色的湯，裝飾一圈圈奶油或原味優格做成的花紋，看起來令人賞心悅目，嘗起來也很美味。

材料（6人份）

新鮮蘆筍	900克
奶油或橄欖油	4大匙
青蒜絲或蔥	$1\frac{1}{2}$ 杯
中筋麵粉	3大匙
雞湯或純水	$6\frac{1}{4}$ 杯
淡味鮮奶油或原味優格	$\frac{1}{2}$ 杯
切碎的新鮮龍蒿或山蘿蔔	1大匙
鹽和新鮮研磨的黑胡椒粉	

3 在鍋中加熱奶油或橄欖油。加入青蒜絲或蔥絲，在小火上加熱5到8分鐘，直到蔬菜變軟。加入切碎的蘆筍稈攪拌，加蓋並煮6至8分鐘至蘆筍變軟。

4 加入麵粉充分攪拌，不加蓋，煮3至4分鐘，不時的加以攪拌。

5 加入高湯或水，煮滾。然後將火關小，煮30分鐘。加入鹽和胡椒調味。

6 在食品加工器中將湯打成濃湯，如有需要，可以過濾掉粗糙的纖維。加入筍尖、大部分的奶油（或原味優格）和香草植物。充分冷卻，上桌前再攪拌均勻並檢查調味料是否適量。在每盤湯上裝飾一小撮奶油或原味優格漩渦。

1 切下6公分蘆筍尖，用滾水燙5至6分鐘，使筍尖變軟，然後瀝乾。再將每個筍尖切成2至3塊。

2 清理蘆筍稈的後半段，去掉褐色或纖維較粗的部分。將筍稈切成1公分的段。

邁阿密酪梨冷湯 *Miami Chilled Avocado Soup*

酪梨與檸檬汁、乾雪利酒、和少量的乾辣椒醬混合在一起，打造出這道味道微妙的冷湯。

材料（4人份）

2個大的、或者3個中等大小的酪梨	
新鮮檸檬汁	1大匙
大塊去皮去籽的黃瓜	$\frac{3}{4}$杯
乾雪利酒	2大匙
蔥（切成長段，帶少許綠色的莖）	$\frac{1}{4}$杯
淡味雞湯	2杯
鹽	1小匙
乾辣椒醬（自選）	
原味優格或鮮奶油（裝飾用）	

① 將酪梨剖成兩半，去掉果核和果皮。果肉切塊，放入食品加工器攪拌。加入檸檬汁，攪拌均勻。

② 加入黃瓜、雪利酒、大部分的蔥（少許留作裝飾）。再次放入加工器中攪拌均勻。

③ 在一個大碗中，將酪梨的混合物與雞湯調和均勻。放入鹽，如果喜歡可加入幾滴乾辣椒醬調味。蓋上碗蓋，放在冰箱中冷藏冰鎮。

④ 上桌前在每人的碗中盛入酪梨湯，舀一勺原味優格或奶油在碗中間，用小勺攪出漩渦圖案。最後撒上留下的蔥花。

維琪冷湯 *Vichyssoise*

這道湯令人回味無窮，加上一團鮮奶油（或酸奶油）和一些新鮮香蔥末佐餐，在特殊場合時還可以用一小勺魚子醬作為裝飾。

材料（6～8人份）

大馬鈴薯（去皮切丁）	3個
雞湯	$6\frac{1}{4}$ 杯
青蒜（剪掉根部）	350克
法式鮮奶油或酸奶油	$\frac{2}{3}$ 杯
鹽和新鮮研磨的黑胡椒粉	
香蔥末（裝飾用）	3大匙

❶ 將馬鈴薯丁和雞湯放入大湯鍋或耐熱的砂鍋中，加熱至沸騰。將火關小，繼續加熱15至20分鐘。

❷ 將青蒜縱向撕開，在自來水下洗淨，切成薄片。

❸ 當馬鈴薯開始變軟時，倒入青蒜攪拌，依口味加入適量鹽和黑胡椒，加熱10至15分鐘，直至兩種蔬菜都變軟。期間適時攪拌。如果湯過於濃稠，可再加入適量高湯或水。

❹ 將湯放入攪拌機或食品加工器中攪打均勻。若喜歡特別滑順的湯，可用食品研磨器再加工一次，用大網眼的篩子過濾一遍。加進大部分的奶油，稍微冷卻後冷藏。上桌前將湯盛入冰涼的碗中，並以奶油和香蔥末作裝飾。

參考做法

若想要做一份低脂的維琪冷湯，只需要用脫脂乳酪替代法式鮮奶油或酸奶油即可。

素 西班牙冷湯 *Gazpacho*

這道傳統的冷湯在炎炎夏日是非常合適的午餐。確定所有的材料均新鮮，以保證成品味道鮮美。

材料（6人份）	
青椒（去籽切塊）	1個
紅椒（去籽切塊）	1個
黃瓜（切塊）	半條
洋蔥（切塊）	1個
新鮮紅辣椒（去籽切塊）	1個
成熟義大利梅子蕃茄（切塊）	450克
蕃茄醬或蕃茄汁	$3\frac{3}{4}$杯
紅酒醋	2大匙
橄欖油	2大匙
細白砂糖	1大匙
鹽和新鮮研磨的黑胡椒粉	
碎冰（裝飾用）	

❶ 將青椒、紅椒、黃瓜和洋蔥各留一小塊，切丁留作裝飾配菜。

❷ 將剩下的材料用攪拌機或食品加工器攪打成均勻的糊狀。如有必要可分批攪拌。

❸ 用篩子將湯濾進一個乾淨的玻璃碗中，用勺子擠壓篩子中的材料，釋出更多香味。

❹ 上桌前依口味加入調味料和辣椒。撒上留下的青椒、紅椒、黃瓜和洋蔥。最後加入一些碎冰來增添獨特的風味。

素 夏日蕃茄湯 Summer Tomato Soup

製作這道湯的成功秘訣在於成熟優質的蕃茄，比如卵形的義大利蕃茄就是不錯的品種。所以這道湯適合在蕃茄的旺季製作。

材料（4人份）

橄欖油	1大匙
大洋蔥（切塊）	1個
胡蘿蔔（切塊）	1個
成熟的蕃茄（各切成四等分）	1000克
大蒜（切碎）	2瓣
新鮮的百里香5枝，或乾百里香 $\frac{1}{4}$ 小匙	
新鮮墨角蘭4或5枝，或乾墨角蘭 $\frac{1}{4}$ 小匙	
月桂葉	1片
鮮奶油、酸奶油或原味優格（多備一些裝飾用）	3大匙
鹽和新鮮研磨的黑胡椒粉	

❸ 加入蕃茄塊、大蒜末和香料。將火關小，並且加蓋燜30分鐘。

❹ 撈出月桂葉，並用篩子將湯過濾。加入奶油或酸奶，適當加入調味料。稍微冷卻，放入冰箱冷藏。

參考做法

如果您喜歡，可以用奧勒岡代替墨角蘭，用巴西利代替百里香。

❶ 在大的湯鍋（最好是不銹鋼鍋）或耐熱的砂鍋中將橄欖油加熱。

❷ 加入洋蔥和胡蘿蔔，用小火加熱3至4分鐘直到變軟，期間適時攪拌。

素 橙汁西洋菜湯 *Watercress and Orange Soup*

這道湯健康清爽，冷熱皆宜。

材料（4人份）

大洋蔥（切塊）	1個
橄欖油	1大匙
西洋菜	2束或2包
柳橙（橙皮研磨，果肉榨汁）	1個
蔬菜高湯	2½杯
淡味鮮奶油	⅔杯
玉米澱粉	2小匙
鹽和新鮮研磨的黑胡椒粉	
鮮奶油或原味優格（裝飾用）	
柳橙（佐餐用）	4片

① 在大鍋中將洋蔥煮軟，再加入入西洋菜。加蓋煮約5分鐘，直到西洋菜變軟。

② 在西洋菜混合物中加入橙皮和橙汁，煮滾，再加蓋燜10到15分鐘。

③ 攪拌至鍋內物質都變成流質。如果希望湯更加滑順，可以用篩子過濾。混合奶油和玉米澱粉，攪拌直至沒有結塊，加入湯中與加入調味料。

④ 慢慢將湯煮滾，攪拌至輕微濃稠。調整調味料用量。

⑤ 在湯上裝飾漩渦狀奶油或優格，搭配一片柳橙一起上桌，食用時將橙汁擠入湯中。

⑥ 如果希望作為冷湯食用，照上述步驟使得湯變黏稠，然後讓湯冷卻，再放入冰箱冷藏。最後同上述佐以奶油或優格和柳橙片。

素 杏仁冷湯 *Chilled Almond Soup*

除非打算花大量的時間用雙手碾碎所有的材料，否則需要一台食品加工器。然後，將發現這道西班牙風味的湯不僅簡單，而且在酷熱的夏天味道怡人。

材料（6人份）

新鮮白麵包	115克
冷水	3杯
去皮的杏仁1杯	
大蒜（切片）	2瓣
橄欖油	5大匙
雪利醋	$1\frac{1}{2}$大匙
鹽和新鮮研磨的黑胡椒粉	

裝飾配菜

烤杏仁片

無籽的青葡萄或紫葡萄（切半去皮）

1 將麵包在碗中弄碎，倒入$\frac{2}{3}$杯水。靜置5分鐘。

2 將杏仁和大蒜放入食品加工器，研磨均勻。倒入浸濕的麵包。

3 漸漸加入橄欖油，直到混合物變成細膩的糊狀。加入雪利醋、接著加入剩下的水，繼續攪打直至均勻。

4 盛入碗中並撒上鹽和胡椒粉。如果湯太稠，可加入適量水。冷卻至少2到3小時。上桌前撒上烤杏仁和葡萄。

素 優格核桃黃瓜湯 *Cucumber and Yogurt Soup with Walnuts*

這是一道口感相當清爽的冷湯，使用的是黃瓜與優格的經典搭配。

材料（5~6人份）	
黃瓜	1條
大蒜	4瓣
鹽	$\frac{1}{2}$小匙
核桃仁	$\frac{3}{4}$杯
存放了一天的麵包（弄碎）	40克
核桃或葵花籽油	2大匙
原味優格	1$\frac{1}{3}$杯
冷水或冷礦泉水	$\frac{1}{2}$杯
檸檬汁	1至2小匙

裝飾配菜	
核桃（切塊）	$\frac{1}{2}$杯
橄欖油	1$\frac{1}{2}$大匙
新鮮蒔蘿	

③ 混合物變均勻後，加入核桃或葵花籽油，攪拌充分。

④ 將混合物盛入一個大碗中，加入優格和黃瓜丁攪打，再加入冷水和檸檬汁。

⑤ 將湯倒入冷湯盤，擺上碎核桃仁，灑上橄欖油，最後將蒔蘿裝飾上即可上桌。

① 將黃瓜從中間剖開，其中一半去皮，果肉切丁待用。

② 在大研缽中搗碎大蒜，混入鹽拌勻，再加入核桃和麵包拌勻。

烹飪小提示

如果希望湯的口感更加滑順，可以在食品加工器中將之攪打成濃湯。

薄荷青豌豆湯 *Green Pea and Mint Soup*

青豆和薄荷的完美搭配確實能夠在夏天擄獲您的味蕾。

材料（4人份）

奶油	4大匙
蔥（切段）	4棵
新鮮或冷凍青豌豆	3杯
蔬菜高湯	$2\frac{1}{2}$杯
新鮮薄荷	2大枝
牛奶	$2\frac{1}{2}$杯
糖（自選）	
鹽和新鮮研磨的黑胡椒	
小枝新鮮薄荷（裝飾用）	
淡味鮮奶油（佐餐用）	

❶ 在湯鍋中溶化奶油，加入蔥段，用小火慢慢加熱直至變軟，但不要變成褐色。

❷ 將青豌豆倒入鍋中攪拌，加入高湯和薄荷煮滾。加蓋慢慢燜，新鮮青豌豆悶煮約30分鐘（冷凍青豌豆則需約15分鐘），直至豆子變軟。舀出約3大匙豆子，留作裝飾配菜。

❸ 將湯倒入食品加工器或者攪拌機，加入牛奶並攪打均勻，加入調味料，若喜歡可以加入一點糖，待湯冷卻，放入冰箱稍微冷藏。

❹ 將湯盛入碗中，在每碗中擠上漩渦狀的奶油，用薄荷和剩下的豆子作為裝飾。

甜菜杏仁湯 *Beet and Apricot Swirl*

如果能將這道湯中兩種不同顏色的材料混合物做成漩渦狀，視覺上將十分誘人。如果你喜歡也可以將它們攪拌均勻，以節省時間和餐具的清洗。

材料（4人份）

煮熟的甜菜（切塊）	4個
小洋蔥（切塊）	1個
雞湯	$2\frac{1}{2}$杯
杏仁	1杯
橙汁	1杯
鹽和新鮮研磨的黑胡椒粉	

2 將剩下的洋蔥和杏仁連橙汁一起放入鍋中，加蓋燜煮約15分鐘，直到材料變軟。用食品加工器或攪拌機攪打均勻。

3 將兩種混合物倒回鍋中，再次加熱。加入鹽和黑胡椒粉，然後在各個湯碗中將兩種混合物攪成漩渦狀，以達到混合的視覺效果。

1 將塊狀的甜菜、一半洋蔥和雞湯一起放入鍋中，煮滾後將火關小，加蓋燜煮約10分鐘。將混合物倒入食品加工器或攪拌機攪打均勻。

烹飪小提示

杏仁混合物和甜菜混合物的濃稠度應該相似。如果太濃稠，可適量多加入一些橙汁。

素 烤甜椒湯 *Roasted Pepper Soup*

燒烤能使得紅椒和黃椒的香味更加濃烈，也能讓這道鮮美的湯品保持鮮亮的色澤。

材料（4人份）

紅椒	3個
黃椒	1個
中等大小的洋蔥	1個
大蒜（切碎）	1瓣
蔬菜高湯	3杯
中筋麵粉	1大匙
鹽和新鮮研磨的黑胡椒粉	
紅、黃椒（切丁裝飾用）	

❸ 將烤好的甜椒放入一個塑膠袋中，冷卻後去皮並切塊。

❺ 在鍋中洋蔥上撒上麵粉，慢慢加入剩餘的高湯並攪拌。

❻ 加入切塊的烤甜椒，煮滾，並加蓋燜5分鐘。

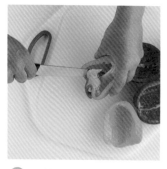

❶ 預熱烤架，將甜椒從中剖開，去掉梗、白色經絡和中間的籽。

❹ 將洋蔥、大蒜瓣和½杯蔬菜高湯放入大湯鍋煮5分鐘，直到高湯開始蒸發變少。將火關小，攪拌直到變軟、變色。

❼ 稍微冷卻，在食品加工器或攪拌機中攪打均勻，加入鹽和黑胡椒調味，倒回湯鍋，再次加熱直至滾燙。

❽ 用長柄的勺子舀入四個湯碗中，撒上甜椒丁作裝飾。

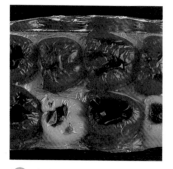

❷ 在烤盤上鋪上鋁箔紙，擺上切成一半的甜椒，帶皮的一面朝上。烤至表皮變黑起泡。

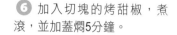

烹飪小提示

如果喜歡，您可以不用甜椒，而用漩渦狀的奶油或原味優格做裝飾。

星星義大利麵雞肉湯 *Chicken Stellette Soup*

如果您備有味道鮮美的高湯，那麼這道清淡爽口且賞心悅目的湯製作起來既簡單又快速。

材料（4～6人份）

雞湯	$3\frac{3}{4}$ 杯
月桂葉	1片
蔥（切絲）	4根
蘑菇（切片）	225克
雞胸肉	115克
湯用星星義大利麵	50克
乾白葡萄酒	$\frac{2}{3}$ 杯
切碎的巴西利	1大匙
鹽和新鮮研磨的黑胡椒粉	

1 將高湯和月桂葉放入大湯鍋中煮滾。

2 去掉雞胸肉的皮，將雞肉切成薄片倒入湯中。依口味添加鹽和胡椒粉，繼續加熱2至3分鐘。

3 在湯中加入義大利麵，加蓋燜7至8分鐘，直至義大利麵變軟但是仍有韌性。

4 上桌之前，加入酒和碎巴西利，繼續加熱2至3分鐘，然後盛入各自的湯碗中。

節瓜義大利麵湯 *Zucchini Soup with Pasta*

這道湯好看又好喝，在炎熱的天氣裡很受歡迎。

材料（4～6人份）

材料	份量
橄欖或葵花籽油	4大匙
洋蔥（切碎）	2個
雞湯	$6\frac{1}{4}$杯
節瓜	900克
湯用小義大利麵	115克
檸檬汁	
新鮮山蘿蔔（切碎）	2大匙
鹽和新鮮研磨的黑胡椒	
酸奶油（佐餐用）	

① 在大湯鍋中加熱橄欖或葵花籽油，並加入洋蔥。加蓋並慢慢加熱20分鐘，適時攪拌，直至變軟但尚未變色。

② 在鍋中加入高湯，煮滾。

③ 同時，磨碎節瓜，和義大利麵一起倒入湯中並攪拌。將火關小，加蓋燜15分鐘，直到義大利麵變軟。

④ 加入鹽、胡椒和檸檬汁調味，加入碎新鮮山蘿蔔並攪拌。盛入碗中，上桌前以漩渦狀酸奶油裝飾。

參考做法

如果喜歡，可用黃瓜代替節瓜，並用其他的湯用義大利麵，例如貝殼狀的義大利麵。

哈拉帕式湯 *Jalapeno Soup*

儘管這道湯很簡單，但是雞肉、辣椒和酪梨聯合起來，組成看似簡單卻異常美味的湯。

材料（6人份）

雞湯	$6\frac{1}{4}$ 杯
熟雞胸肉（去皮，切成長條）	2塊
瀝乾的罐裝墨西哥煙椒（chipotle）或墨西哥辣椒（jalapeno）（清水洗淨）	1棵
酪梨	1個

烹飪小提示

當使用罐裝辣椒時，將它們清洗乾淨是很重要的。

1 在一個大湯鍋中加熱高湯，並加入雞肉和辣椒。在小火上煮5分鐘，使得雞肉煮透，並且讓辣椒釋放香味。

2 酪梨從中間剖開，去核去皮。酪梨果肉縱向切成條。

3 用漏勺取出紅椒。將湯倒入加溫過的湯碗中，在各碗中均勻分配雞肉。

4 小心在各碗中加入幾片酪梨肉，即可食用。

羅望子花生蔬菜湯 Tamarind Soup with Peanuts and Vegetables

這道來自雅加達的湯，在印度尼西亞被稱作Sayur Asam，色澤鮮豔，新鮮爽口，十分刺激。

材料（4人份）

材料	份量
蔥頭5個或紅色洋蔥1個（切片）	
大蒜（搗成泥）	3瓣
大高良薑（去皮切片）	2.5公分
新鮮紅辣椒（去籽切片）	1至2個
生花生	$\frac{1}{4}$杯
蝦醬塊	1公分見方
高湯約	5杯
鹹花生（稍稍壓碎）	$\frac{1}{2}$至$\frac{3}{4}$杯
黑糖	1至2大匙
羅望子果肉（在加了5大匙溫鹽水中浸泡15分鐘）	1小匙
鹽	

蔬菜

佛手瓜（去掉一層薄皮，去籽，果肉切成薄片）	1個
法國四季豆（修剪並切成薄片）	115克
甜玉米粒（自選）	50克
綠色蔬菜的葉子（比如西洋菜，芝麻菜葉或包心菜葉）	
切碎新鮮青椒（切片，裝飾用）	1個

❶ 用食品加工器或碾槌與研缽將青蔥（或洋蔥）、大蒜、大高良薑、辣椒、生花生和蝦醬攪打成糊狀。

❷ 倒入適量的高湯濕潤，將混合物倒入一口平底鍋或湯鍋中，加入剩餘的高湯。加入搗碎的鹹花生和糖加熱15分鐘。

❸ 羅望子的果肉榨汁，去籽。

❹ 上桌前5分鐘可加入佛手瓜片、四季豆和甜玉米並快速稍微加熱。最後加入綠色蔬菜的葉子和鹽調味。

❺ 加入羅望子果汁，如有需要適度添加調味料，即可上桌。用幾片青椒作為裝飾。

菠菜豆腐湯 *Spinach and Tofu Soup*

這是一款十分精緻清淡的湯，在享用了泰式咖哩食物後食用更覺爽口。

材料（4～6人份）

乾蝦米	2大匙
雞湯	4杯
新鮮豆腐（瀝乾，切成2公分的方塊）	225克
魚露	2大匙
新鮮菠菜	350克
新鮮研磨的黑胡椒粉	
蔥（切薄片，裝飾用）	2棵

① 用清水清洗然後瀝乾蝦米。將蝦米和雞湯放入大湯鍋煮滾。加入豆腐，加熱約5分鐘。加入魚露和黑胡椒粉。

② 徹底清洗菠菜葉子，切成合適大小。放入湯中，加熱1至2分鐘。

③ 湯倒入溫過的湯碗中，撒上蔥花作為裝飾，即可食用。

中式豆腐萵苣湯 *Chinese Tofu and Lettuce Soup*

這道湯清淡爽口，色澤鮮豔，新鮮蔬菜更具口感。

材料（4人份）

材料	份量
花生油或葵花籽油	2大匙
燻豆腐或醃豆腐（切塊）	200克
蔥（斜切成片）	3棵
大蒜（切成細絲）	2瓣
胡蘿蔔（切成圓形的薄片）	1棵
蔬菜高湯	4杯
醬油	2大匙
乾雪利酒或味美思酒	1大匙
糖	1小匙
萵苣（切絲）	115克
鹽和新鮮研磨的黑胡椒粉	

❶ 在一口預熱過的鍋中將油加熱，然後將豆腐煎至褐色。在吸油紙上瀝乾，備用。

❷ 在鍋中加入蔥、大蒜和胡蘿蔔，炒2分鐘。倒入高湯、醬油、雪利酒（或味美思酒）、糖、萵苣和煎豆腐。慢慢加熱1分鐘，加入調味料，即可食用。

中式雞肉蘆筍湯 Chinese Chicken and Asparagus Soup

這道湯精緻可口。如果市面上沒有新鮮的蘆筍，也可以使用罐裝的白蘆筍替代。

材料（4人份）	
雞胸肉（去皮）	140克
鹽	
蛋白	1小匙
玉米澱粉	1小匙
蘆筍	115克
雞湯	3杯
鹽和新鮮研磨的黑胡椒粉	
新鮮胡荽葉（裝飾用）	

❶ 將雞胸肉切成郵票大小的薄片，加入少許鹽，然後加入蛋白，最後加入玉米澱粉。

❷ 去掉蘆筍莖部較硬的部分，將柔軟的筍尖斜切成短的、均勻的小段。

❸ 在圓底鍋或湯鍋中煮滾高湯，加入蘆筍，再次煮滾，繼續加熱2分鐘（若使用罐頭蘆筍可省略此步驟）。

❹ 加入雞肉，攪拌以防結塊，再次煮滾。放入調味料，飾以新鮮胡荽葉，趁熱食用。

檸檬草酸辣蝦湯 *Hot-and-Sour Shrimp Soup with Lemongrass*

這道經典的海鮮湯在泰語中叫Tom Yam Goong（泰式酸辣湯），在泰國算是最受歡迎的一道湯。

材料（4～6人份）

大明蝦	450克
雞湯或水	4杯
檸檬草莖	3根
泰國檸檬葉（從中間撕開）	10片
罐裝草菇（瀝乾）	225克
魚露	3大匙
萊姆汁	4大匙
蔥花	2大匙
新鮮胡荽葉	1大匙
新鮮紅辣椒（去籽切塊）	4個
蔥（切碎，裝飾用）	2棵

❹ 加入魚露、萊姆汁、蔥花、胡荽葉、紅辣椒和剩下的泰國檸檬葉，攪拌均勻。適當加入調味料，使得這道湯最後呈現出酸、鹹、辣、燙的滋味。上桌前飾以切碎的蔥段。

❸ 過濾湯汁，倒回湯鍋中再次加熱。加入草菇和明蝦，加熱至蝦肉變至粉紅色。

❶ 將明蝦去殼，抽出黑色腸線，備用。將蝦殼放在大湯鍋中，倒入高湯或水，煮滾。

❷ 用切菜刀的刀背擠壓檸檬草莖，與一半泰國檸檬葉一起放入高湯中，用小火加熱5至6分鐘，直到檸檬草莖變色，高湯開始散發香味。

鴨清湯 Duck Consomm'e

在法國的越南裔人對法國菜產生了深遠的影響。正如這道湯所證明的一樣，這道湯清淡但營養，散發著濃厚的東南亞風味。

材料（4人份）

鴨骨頭1隻（生熟皆可），鴨腿2隻 或任何鴨內臟（儘量去掉脂肪）	
大洋蔥（帶根，不去皮）	1個
胡蘿蔔（切成5公分片狀）	2個
歐洲防風草（切成5公分條狀）	1個
青蒜（切成5公分的段）	1棵
大蒜（搗碎）	2至4瓣
新鮮生薑（去皮切片）	2.5公分
黑胡椒粒	1大匙
新鮮百里香4至6枝或乾百里香 1小匙	
胡荽（葉與莖分離）	6至8枝

裝飾配菜

小胡蘿蔔	1個
小青蒜（縱向從中間切半）	1棵
香菇（切薄片）	4至6個
醬油	
小蔥（切薄片）	2棵
西洋菜或切碎的包心菜葉	
新鮮研磨的黑胡椒粉	

❸ 胡蘿蔔和青蒜切成5公分的段作為裝飾。縱向切成細絲，與香菇一起放入大湯鍋中。

❹ 倒入鴨湯，加入適量醬油和胡椒，使用長柄勺舀入預熱過的湯碗中，撒上胡荽葉，即可食用。

❶ 將鴨骨頭、鴨腿（或鴨內臟）、洋蔥、胡蘿蔔、歐洲防風草、青蒜和大蒜放入大湯鍋或耐熱砂鍋中。加入薑、胡椒粒、百里香和胡荽莖，倒入冷水至淹沒材料，以小火煮滾。撈去表面的泡沫。

❷ 以小火燉煮1個半到2個小時。用濾勺附著紗布過濾到碗中，鴨骨和蔬菜渣丟棄。使湯冷卻，並冷藏數小時或一夜。去掉凝結的脂肪，用吸油紙吸去表面所有的脂肪和胡椒，在小火上煮滾，撈去表面上浮起的泡沫。放入適量調味料，加入蔥片和西洋菜。

芥菜豬肉湯 *Pork and Pickled Mustard Greens Soup*

這道味道濃郁的湯是作為開胃菜的絕佳選擇。

材料（4～6人份）	
醃芥菜葉（用水浸泡）	225克
冬粉（用水浸泡）	50克
蔬菜油	1大匙
大蒜（切薄片）	4瓣
雞湯	4杯
豬肋骨（切塊）	450克
魚露	2大匙
糖	
新鮮研磨的黑胡椒粉	
辣椒（去籽切薄片，裝飾用）	2個

① 將醃芥菜葉切成適當大小，嘗一下味道，如果太鹹，浸的時間可久一些。

② 撈出並瀝乾冬粉，切成5公分的段。

③ 在一口小煎鍋中將油加熱，加入大蒜，炒至金黃，盛入碗中備用。

④ 將高湯倒入湯鍋，煮滾，然後加入豬肋骨，慢慢加熱10到15分鐘。

⑤ 加入醃芥菜葉和粉絲，再次煮滾，依據口味加入魚露、糖和新鮮研磨的黑胡椒粉。

⑥ 用煎過的大蒜和辣椒裝飾，趁熱上桌。

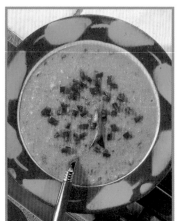

奶油濃湯
RICH&CREAMY SOUPS

素 花椰杏仁濃湯 *Broccoli and Almond Soup*

烤杏仁的香滑和花椰菜微微的苦味組成完美的搭配。

材料（4～6人份）

碾碎的杏仁	$\frac{1}{2}$ 杯
花椰菜	675克
蔬菜高湯或水	$3\frac{3}{4}$ 杯
脫脂牛奶	$1\frac{1}{4}$ 杯
鹽和新鮮研磨的黑胡椒	

❶ 將烤箱預熱到180℃。將碎杏仁在烤盤上均勻鋪開，在烤箱中烤10分鐘左右，直至焦黃。留下 $\frac{1}{4}$ 杏仁作為裝飾。

❷ 將花椰菜切成小朵狀，蒸6至7分鐘，使之變軟。

❸ 將其餘的烤杏仁、花椰菜、高湯（或水）和牛奶放進攪拌機攪拌成均勻的糊狀，依口味加入鹽和胡椒粉。

❹ 將湯加熱，撒上剩下的碎杏仁，即可上桌。

花椰史帝爾頓乳酪濃湯 *Broccoli and Stilton Soup*

這是一道簡便易做的濃湯，湯後宜進食一些簡單的食物，比如原味的烤肉、烤雞或烤魚。

材料（4人份）

花椰菜	350克
奶油	2大匙
洋蔥（切塊）	1個
青蒜（只留白色部分，切段）	1棵
小馬鈴薯（切丁）	1個
熱雞湯	$2\frac{1}{2}$杯
牛奶	$1\frac{1}{4}$杯
鮮奶油	3大匙
史帝爾頓乳酪（去殼，切碎）	115克
鹽和新鮮研磨的黑胡椒粉	

❶ 將花椰菜切成小朵狀，去掉較硬的莖。留下2小朵作為裝飾配菜。

❷ 在大平底鍋將奶油溶化，放入洋蔥和青蒜，炒至發軟，但不要變色。加入花椰菜和馬鈴薯，並倒入高湯。加蓋，加熱15至20分鐘，直至蔬菜變軟。

❸ 稍微冷卻，然後倒入攪拌器或食品加工器中攪打成均勻的糊狀，將平底鍋洗淨後，用篩子將混合物濾入鍋中。

❹ 在平底鍋加入牛奶和鮮奶油，依口味加入鹽和新鮮研磨的黑胡椒粉，再次加熱。最後加入乳酪，攪拌至剛剛好溶化，但不要煮滾。

❺ 同時將預留的花椰菜煮熟，垂直切成薄片，用長柄勺將湯盛入預熱過的湯碗中，以小朵花椰菜裝飾，撒上黑胡椒，即可食用。

蕃茄藍乳酪湯 *Tomato and Blue Cheese Soup*

烤蕃茄的酸甜與藍乳酪的濃郁達到了和諧的平衡。

材料（4人份）

成熟的蕃茄（去皮、切成四等分並去籽）	1500克
大蒜（搗碎）	2瓣
蔬菜油或奶油	2大匙
青蒜（切段）	1棵
胡蘿蔔（切塊）	1條
雞湯	5杯
藍乳酪（弄碎）	115克
鮮奶油	3大匙
大的新鮮羅勒葉，或新鮮巴西利（多備一些裝飾用）	1至2枝
培根（煮熟弄碎，裝飾用）	1杯
鹽和新鮮研磨的黑胡椒粉	

1️⃣ 將烤箱預熱到200℃，將蕃茄平鋪在淺烤盤中，撒上大蒜、鹽和黑胡椒，放入烤箱加熱35分鐘。

2️⃣ 在大湯鍋中加入蔬菜油或奶油，加入青蒜和胡蘿蔔，再加入少許鹽和黑胡椒。在小火上加熱10分鐘左右直至蔬菜變軟，適時攪拌。

3️⃣ 倒入高湯和烤過的蕃茄，煮滾，然後將火關小，加蓋燜20分鐘左右。

4️⃣ 加入藍乳酪、鮮奶油和羅勒葉或巴西利，依口味加入適量調味料。

5️⃣ 將湯再次加熱，但不要煮滾。以培根和羅勒葉或巴西利裝飾，即可上桌。

花椰核桃奶油濃湯 *Cauliflower and Walnut Cream Soup*

儘管這道湯中根本沒有加入奶油，但是白花椰菜能夠提供美味、濃稠、香滑的口感。

材料（4人份）

中等大小的白色花椰菜	1個
中等大小的洋蔥（切大塊）	1個
雞汁或蔬菜高湯	2杯
脫脂牛奶	2杯
核桃仁	3大匙
鹽和新鮮研磨的黑胡椒粉	
辣椒粉和碎核桃仁（裝飾用）	

❶ 去掉花椰菜外層的葉子，剝成小朵狀，將花椰菜、洋蔥和高湯一起放入大湯鍋中。

❷ 煮滾之後加蓋燜約15分鐘，直至花椰菜變軟，加入牛奶和核桃仁，放在攪拌機或食品加工器中攪打均勻。

❸ 依口味加入調味料，再次加熱至沸騰。撒上辣椒粉和碎核桃仁即可食用。

參考做法

可用青花菜代替花椰菜，或使用杏仁代替核桃。

胡蘿蔔胡荽湯 *Carrot and Coriander Soup*

製作這道湯時，您需要自製上好的高湯，它的滋味比高湯塊濃厚。

材料（4人份）

奶油	4大匙
青蒜（切片）	3棵
胡蘿蔔（切片）	3杯
磨碎的胡荽	1大匙
雞湯約	5杯
原味優格	$\frac{2}{3}$杯
鹽和新鮮研磨的黑胡椒粉	
切碎的芫荽（裝飾用）	2至3大匙

❸ 稍微冷卻，在攪拌機中攪打成糊狀，將湯倒回平底鍋中，加入2大匙原味優格，然後依口味加入調味料，慢慢加熱，但不要煮滾。

❹ 將湯盛入碗中，舀一勺剩下的優格放在碗中間，撒上切碎的芫荽葉，趁熱上桌。

❶ 在大平底鍋中將奶油溶化，加入青蒜和胡蘿蔔充分翻炒。加蓋，加熱10分鐘左右，直至蔬菜開始變軟。

❷ 加入研磨過的胡荽，加熱1分鐘左右，倒入高湯，依口味加入調味料，煮滾，然後加蓋燜20分鐘左右，直至青蒜和胡蘿蔔完全變軟。

胡蘿蔔薑湯 *Carrot Soup with Ginger*

鮮薑的辛辣和胡蘿蔔煮熟後的甜味相得益彰。

材料（6人份）

奶油或乳瑪琳	2大匙
洋蔥（切碎）	1個
芹菜莖（切段）	1根
中等大小的馬鈴薯（切丁）	1個
胡蘿蔔	675克
新鮮薑末	2小匙
雞湯	5杯
鮮奶油	7大匙
新鮮研磨的肉豆蔻	
鹽和新鮮研磨的黑胡椒粉	

❶ 將奶油或乳瑪琳、洋蔥和芹菜混合，加熱5分鐘左右至蔬菜變軟。

❷ 加入馬鈴薯、胡蘿蔔、生薑和高湯煮滾。將火關小，加蓋燜20分鐘左右。

❸ 將湯倒入食品加工器或攪拌機中攪打均勻，或者用一個磨研機磨成糊狀。將湯倒回平底鍋中，加入奶油和肉豆蔻攪拌，並依口味加入適量調味料。微微加熱後即可上桌。

朝鮮薊奶油濃湯 *Jerusalem Artichoke Soup*

這道湯最上面飾有一團番紅花奶油，在寒冷的冬日，是不可多得的美味湯品。

材料（4人份）

材料	份量
奶油	4大匙
洋蔥（切塊）	1個
朝鮮薊（去皮切塊）	450克
雞湯	3¾杯
牛奶	⅔杯
鮮奶油	⅔杯
番紅花粉	
鹽和新鮮研磨的黑胡椒粉	
切碎的細香蔥（裝飾用）	

❶ 在深平底鍋中將奶油溶化，加入洋蔥翻炒5至8分鐘直至變軟，但不要燒焦。

❷ 加入朝鮮薊，翻炒至表面都裹上一層奶油。加蓋燜10到15分鐘，注意不要讓朝鮮薊糊掉。倒入雞湯和牛奶，然後加蓋燜15分鐘。稍微冷卻，放入攪拌機或食品加工器中攪拌均勻。加蓋燜20分鐘左右。

❸ 將湯濾回鍋中，加入一半的奶油，依口味加入適量調味料，微微加熱。輕輕攪打剩下的奶油和番紅花粉。用長柄勺將湯盛入預熱過的湯碗中，舀一勺番紅花奶油置於碗中間，撒上細香蔥末，即可上桌。

防風草辣湯 *Spiced Parsnip Soup*

這道湯顏色淡雅，質地香滑，大蒜和胡荽組成的裝飾配菜又增添了特別的芬芳。

材料（4～6人份）

奶油	3大匙
洋蔥（切塊）	1個
歐洲防風草（切塊）	675克
磨碎的胡荽	1小匙
研磨過的茴香	$\frac{1}{2}$小匙
薑黃粉	$\frac{1}{2}$小匙
辣椒粉	$\frac{1}{4}$小匙
雞湯	5杯
淡味鮮奶油	$\frac{2}{3}$杯
葵花籽油	1大匙
大蒜（切成細絲）	1瓣
黃芥菜籽	2小匙
鹽和新鮮研磨的黑胡椒粉	

❶ 在大平底鍋中將奶油溶化，加入洋蔥和歐洲防風草，輕輕翻炒3分鐘左右。

❷ 加入香料，加熱1分鐘左右。加入高湯，依口味放入適量鹽和胡椒粉，煮滾。

❸ 將火關小，加蓋燜45分鐘左右，直至歐洲防風草變軟。稍微冷卻，在攪拌機或食品加工器中攪打成均勻的糊狀。倒回平底鍋中，加入奶油，用小火充分加熱。

❹ 在一口小平底鍋中把油加熱，加入大蒜細絲和黃芥菜籽，快速翻炒，直至大蒜顏色開始變深，芥菜籽開始爆裂開並劈啪作響時把火關掉。

❺ 將湯舀入預熱過的湯碗，加入一點大蒜和黃芥菜籽，即可食用。

摩洛哥蔬菜湯 *Moroccan Vegetable Soup*

口感細膩的歐洲防風草和南瓜賦予了這道湯濃滑的質地。

材料（4人份）

橄欖油或葵花籽油	1大匙
奶油	1大匙
洋蔥（切塊）	1個
胡蘿蔔（切塊）	225克
歐洲防風草（切塊）	225克
南瓜（去皮去籽切塊）	225克
蔬菜或雞湯	$3\frac{3}{4}$杯
檸檬汁（調味用）	
鹽和新鮮研磨的黑胡椒粉	

裝飾配菜

橄欖油	$1\frac{1}{2}$小匙
大蒜瓣（切碎）	半個
新鮮的巴西利和芫荽（切碎混合）	約3大匙
辣椒粉	

① 在大平底鍋中加熱橄欖油和奶油，將洋蔥煎3分鐘左右，直至變軟，期間適時攪拌。加入胡蘿蔔和歐洲防風草，充分翻炒，蓋上鍋蓋，在小火上繼續加熱5分鐘。

② 將南瓜倒入鍋中攪拌，加蓋燜5分鐘。倒入高湯，加入調味料，慢慢加熱至沸騰。再蓋上鍋蓋，燜35至40分鐘，直至蔬菜變軟。

③ 稍微冷卻，倒入食品加工器或攪拌機中攪打均勻。如果湯太稠，可加入適量的水。倒回平底鍋中，微微加熱。

④ 製作裝飾配菜，在一口小的平底鍋中加熱橄欖油，放入大蒜和香料，翻炒1至2分鐘。加入辣椒粉，攪拌均勻。

⑤ 依口味向湯中加入調味料，倒入檸檬汁攪拌均勻。盛入湯碗中，舀一勺準備好的配菜，並小心加入湯中，做成漩渦狀。

西葫蘆杜斯拉特乳酪濃湯 *Creamy Zucchini and Dolcelatte Soup*

這道湯的動人之處在於它的顏色鮮亮、質地濃滑、口感微妙。如果您希望得到更加厚重的奶酪味道，可以用義大利古岡佐拉（Gorgonzola）乳酪代替杜斯拉特（Dolcelatte）乳酪。

材料（4～6人份）

橄欖油	2大匙
奶油	1大匙
洋蔥（切塊）	1個
西葫蘆（洗淨切片）	900克
乾牛至草	1小匙
蔬菜高湯	約$2\frac{1}{2}$杯
杜斯拉特乳酪（去殼切塊）	115克
淡味鮮奶油	$1\frac{1}{4}$杯
鹽和新鮮研磨的黑胡椒粉	

裝飾配菜

新鮮的牛至草
杜斯拉特乳酪

① 在大湯鍋中加熱橄欖油和奶油直至起泡沫，加入洋蔥微微加熱5分鐘左右，期間要一直攪拌，直至洋蔥變軟但不要糊掉。

② 加入西葫蘆和牛至草，並依據口味加入適量鹽和胡椒粉。在小火上加熱10分鐘左右，一直攪拌。

③ 倒入高湯並加熱至沸騰，一直攪拌。將火關小，蓋上一半鍋蓋，用小火加熱30分鐘左右，期間要攪拌。然後加入切丁的杜斯拉特乳酪，攪拌至乳酪完全溶化。

④ 將湯倒入攪拌機或食品加工器攪打成均勻的糊狀，然後用篩子濾進乾淨的平底鍋中。

⑤ 加入$\frac{2}{3}$的鮮奶油，然後在小火上加熱至高溫，但不要煮滾。如果太濃則應該再加入一些高湯。

⑥ 將湯盛入預熱的湯碗中，用剩下的鮮奶油做成漩渦狀花紋，再飾以新鮮的牛至草和壓碎的杜斯拉特乳酪即可上桌。

素 聖日爾曼新鮮豌豆湯 Fresh Pea Soup St. Germain

這道湯由一片法國郊區而得名。這裡的豌豆是在市場的菜園中種植的。

材料（2～3人份）

奶油	1小塊
蔥頭（切碎）	2至3個
新鮮的去莢豌豆	3杯
水	$2\frac{1}{4}$杯
鮮奶油（自選）	3至4大匙
鹽和新鮮研磨的黑胡椒粉	
烤麵包片切丁（裝飾用）	

❶ 在一口較重的湯鍋或耐熱的砂鍋中把奶油溶化，加入蔥頭，翻炒3分鐘左右，期間適時攪拌。

❷ 先加入豌豆和水，再加入鹽和一點胡椒。如果豌豆較嫩，加蓋燜12分鐘左右，如果較老較大則要燜18分鐘左右。期間適時攪拌。

❸ 豌豆變軟時，用長柄勺盛入食品加工器或攪拌機中，加入一點湯汁，並且攪打成均勻的糊狀。

❹ 將豌豆濾到湯鍋或砂鍋中，若準備了鮮奶油此時可以加入。然後充分加熱，但不要煮滾。加入調味料，以烤麵包丁裝飾，趁熱食用。

烹飪小提示

如果市面上沒有新鮮的豌豆，可以使用冷凍豌豆，但料理前應解凍並用清水洗淨。

四季豆巴馬乾酪湯 *Green Bean and Parmesan Soup*

新鮮的四季豆和巴馬乾酪組合出簡單但美妙的口味。

材料（4人份）

材料	份量
奶油或乳瑪琳	2大匙
四季豆	225克
大蒜（壓碎）	1瓣
蔬菜高湯	2杯
磨碎的巴馬乾酪粉	$\frac{1}{2}$ 杯
淡味鮮奶油	$\frac{1}{4}$ 杯
鹽和新鮮研磨的黑胡椒粉	
切碎的新鮮巴西利（裝飾用）	2大匙

① 在一口中等大小的湯鍋中將奶油或者乳瑪琳溶化，加入四季豆和大蒜，在小火上加熱2至3分鐘，不時地攪拌。

③ 將湯倒入攪拌機或食品加工器中攪打成糊狀，或者用食品研磨機磨均勻。倒回鍋中，再次微微加熱。

② 倒入高湯，加入鹽和胡椒，煮滾並不蓋鍋蓋加熱10至15分鐘，直至四季豆變軟。

④ 加入巴馬乾酪和奶油攪拌，以巴西利裝飾，即可上桌。

素 菠菜奶油濃湯 *Cream of Spinach Soup*

這道味道鮮美的奶油濃湯會讓你忍不住愛上它。

材料（4人份）

奶油	2大匙
小洋蔥（切塊）	1個
新鮮菠菜（切碎）	675克
蔬菜高湯	5杯
椰子奶油	50克
新鮮研磨的肉豆蔻	
淡味鮮奶油	$1\frac{1}{4}$杯
鹽和新鮮研磨的黑胡椒粉	
新鮮細香蔥（裝飾用）	

❸ 將混合物倒回鍋中，加入剩餘的高湯、椰子奶油、鹽、胡椒和肉豆蔻，加熱15分鐘直至湯汁變稠。

❹ 將奶油加入鍋中，攪拌均勻，充分加熱，但不要煮滾。以蔥絲裝飾，趁熱食用。

❶ 在湯鍋中用小火將奶油溶化，放入洋蔥煎幾分鐘至變軟。加入菠菜，輕輕翻炒10分鐘左右，直至菠菜體積變小。

❷ 將鍋中混合物倒入攪拌機或食品加工器中，倒入一點高湯，攪打均勻。

56

豆瓣菜濃湯 *Watercress Soup*

味道鮮美，營養豐富，可與香脆的麵包搭配享用。

材料（4人份）

葵花籽油	1大匙
奶油	1大匙
洋蔥（切碎）	1個
馬鈴薯（切塊）	1個
豆瓣菜	175克
蔬菜高湯	$1\frac{2}{3}$杯
牛奶	$1\frac{2}{3}$杯
檸檬汁（調味用）	
鹽和新鮮研磨的黑胡椒粉	
酸奶油（佐餐用）	

① 在大湯鍋中加熱葵花籽油和奶油，油溫合適時放入洋蔥，用小火煎至變軟，但不要燒焦。加入馬鈴薯，輕輕翻炒2至3分鐘，之後加蓋燜5分鐘左右，期間不時攪拌。

② 從豆瓣菜的莖上摘下葉子，將莖切成長段。

烹飪小提示

只要去掉酸奶油，這便是一道低脂的湯。

③ 向鍋中加入高湯和牛奶，再加入豆瓣菜的莖和調味料。煮滾，然後蓋上一半鍋蓋，小火加熱10至12分鐘直至馬鈴薯變軟。放入豆瓣菜的葉子（留下幾片備用），至少繼續加熱2分鐘。

④ 在食品加工器或攪拌機中將湯攪打成糊狀，然後倒入乾淨的湯鍋中，加入留下的幾片豆瓣菜葉子微微加熱。

⑤ 湯熱後，加入一點檸檬汁，依口味放入調味料。

⑥ 將湯倒入預熱過的湯碗中，在中間以一團酸奶油裝飾，即可上桌。

酪梨奶油濃湯 *Cream of Avocado Soup*

酪梨可以作出最完美的湯——賞心悅目、味道鮮美、清新爽口。

材料（4人份）

大酪梨	2個
雞湯	4杯
淡味鮮奶油	1杯
鹽和新鮮研磨的白胡椒	
切碎的新鮮芫荽（裝飾用）	1大匙

❶ 將酪梨從中間剖開，去核，將果肉搗碎，放入篩子中，用木勺將果肉擠壓進一個預熱過的湯碗中。

❷ 在湯鍋中加熱雞湯和奶油，但不要煮滾。溫度升高後倒入盛有酪梨的碗中，充分攪打。

❸ 依口味加入鹽和胡椒，撒上芫荽即可上桌。也可冷藏後食用。

紅椒奶油濃湯 *Cream of Red Pepper Soup*

燒烤能夠讓甜椒發出清甜的味道和煙燻的香味。在沙拉中更美味爽口,此處用來做湯,能帶來天鵝絨般的柔滑質地,迷迭香的神秘芬芳增加了幾分誘人的回味。這道湯冷熱皆宜,任您選擇。

材料(4人份)

紅椒	4個
奶油	2大匙
洋蔥(切碎)	1個
新鮮迷迭香	1枝
雞汁或清淡的蔬菜高湯	5杯
蕃茄醬	3大匙
鮮奶油	$\frac{1}{2}$杯
辣椒粉	
鹽和新鮮研磨的黑胡椒粉	

① 預熱烤架,將甜椒放在烤架下的烤盤上,定時翻面,直至甜椒皮全部變黑。然後將甜椒放入耐熱塑膠袋中,密封20分鐘左右。

② 將甜椒變黑的表皮去掉。儘量避免用清水清洗,因為這樣會流失一些天然的油,因此甜椒的風味也會受到損失。

③ 將甜椒從中間剖開,去掉籽、稈和經絡並切塊。

④ 在一口深湯鍋中將奶油溶化。加入洋蔥和迷迭香,用小火加熱5分鐘左右。然後撈出迷迭香。

⑤ 在鍋中加入甜椒和高湯煮滾,然後燜15分鐘。加入蕃茄醬並攪拌,然後將湯攪打或過濾成均勻的糊狀。

⑥ 加入一半的奶油,加入辣椒粉和黑胡椒粉,若有需要再加入一點鹽。

⑦ 這道湯冷熱皆宜,小心地用奶油在表面擠出花紋,撒上少許辣椒粉,即可食用。

蕃茄奶油濃湯 *Creamy Tomato Soup*

蕃茄湯是永恒的經典。本頁介紹的做法添加了新鮮香料和奶油，因而愈顯獨特。

材料（4人份）

材料	份量
奶油或乳瑪琳	2大匙
洋蔥（切塊）	1個
蕃茄（去皮，切成四等分）	900克
胡蘿蔔（切塊）	2個
雞湯	2杯
切碎的新鮮巴西利	2大匙
百里香葉（多備一些裝飾用）	$\frac{1}{2}$ 小匙
鮮奶油（自選）	5大匙
鹽和新鮮研磨的黑胡椒粉	

❶ 在大湯鍋中溶化奶油或乳瑪琳，加入洋蔥，加熱5分鐘左右，直至洋蔥變軟。

❷ 加入蕃茄、胡蘿蔔、雞湯、巴西利和百里香，煮滾。然後將火關小，加蓋燜15至20分鐘，直至蔬菜都變軟。

❸ 用蔬菜磨將材料研磨成糊狀，磨完後倒回湯鍋中。

❹ 如果備有奶油，在此時加入，再次加熱，依口味加入鹽和新鮮研磨的黑胡椒粉。盛入預熱過的湯碗中，飾以新鮮的百里香葉子，趁熱食用。

烹飪小提示

義大利梅子形蕃茄果肉肥厚，味道鮮美，是做湯的上好選料。

蔥奶油濃湯 *Cream of Scallion Soup*

在這道湯品中，洋蔥的芬芳能帶給人意想不到的享受。

材料（4～6人份）

奶油	2大匙
小洋蔥（切塊）	1個
蔥	$1\frac{3}{4}$杯
馬鈴薯（去皮切塊）	225克
蔬菜高湯	$2\frac{1}{2}$杯
淡味鮮奶油	$1\frac{1}{2}$杯
檸檬汁	2大匙
鹽和新鮮研磨的白胡椒粉	
切碎的蔥或新鮮的小蔥（裝飾用）	

④ 如果準備作為熱湯上桌，則將湯倒回鍋中，加入奶油並依口味加入鹽和胡椒。再次微微加熱，期間適時攪拌。然後加入檸檬汁。

⑤ 如果準備作為冷湯上桌，則將湯盛入碗中，加入奶油和檸檬汁，並依口味加入鹽和胡椒。加蓋冷卻至少1小時。

⑥ 撒上切碎的蔥或新鮮的小蔥，即可食用。

① 在湯鍋中把奶油溶化，加入所有的洋蔥和蔥，加蓋用小火加溫10分鐘左右，直至變軟。

② 加入馬鈴薯和高湯，煮滾，再加蓋用低火燜30分鐘左右。然後稍微冷卻。

③ 在食品加工器或攪拌機中攪打成糊狀。

塊根芹菠菜奶油湯 *Cream of Celery Root and Spinach Soup*

塊根芹有一種類似於芹菜的香味，又夾雜著一點堅果的芬芳。在這道湯中，塊根芹與菠菜一起詮釋著誘人的美味。

材料（6人份）

水	4杯
乾白葡萄酒	1杯
青蒜（切成厚片）	1棵
塊根芹（切塊）	500克
新鮮菠菜葉	200克
新鮮研磨的肉豆蔻	
鹽和新鮮研磨的黑胡椒粉	
松子（裝飾用）	$\frac{1}{4}$杯

① 在水壺中將水和乾白葡萄酒混合均勻。在深的湯鍋中放入青蒜、塊根芹和菠菜，倒入稀釋的乾白葡萄酒。加熱至沸騰，然後將火關小，繼續加熱10至15分鐘直至蔬菜變軟。

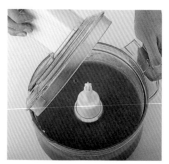

② 將鍋中混合物倒入攪拌機或食品加工器，攪打成均勻的糊狀。若一次量太多可分批攪拌。將鍋洗淨，然後把混合物倒回鍋中，依口味加入鹽、黑胡椒粉和肉豆蔻。慢慢加熱。

③ 把一口不沾鍋加熱（不要加油），倒入松仁，加熱至金褐色，適時翻炒以防沾黏。將松仁撒在湯的表面即可食用。

烹飪小提示

如果湯太稠，可在攪拌時加入水或半脫脂牛奶稀釋。

蘑菇龍蒿湯 *Fresh Mushroom Soup with Tarragon*

這是一道蘑菇清湯，其中夾帶著龍蒿的淡淡清香。

材料（6人份）

奶油或乳瑪琳	1大匙
青蔥（切碎）	4棵
栗子菇（切碎）	6杯
蔬菜高湯	$1\frac{1}{4}$ 杯
半脫脂牛奶	$1\frac{1}{4}$ 杯
切碎的新鮮龍蒿	1至2大匙
乾雪利酒（自選）	2大匙
鹽和新鮮研磨的黑胡椒粉	
新鮮的龍蒿（裝飾用）	

❶ 在大湯鍋中溶化奶油或乳瑪琳，加入青蔥，慢火加熱5分鐘，期間適時攪拌。加入蘑菇，慢火加熱3分鐘，適時攪拌。再加入高湯和牛奶。

❷ 加熱至沸騰，然後加蓋用小火燜20分鐘左右，直至蔬菜變軟。加入切碎的龍蒿，並依口味加入鹽和胡椒。

❸ 湯稍微冷卻，倒入攪拌機或食品加工器，攪打均勻。若量太多可分批攪拌。倒入洗淨的湯鍋中，再次加熱。

❹ 若準備了雪利酒，可在此時倒入，然後用長柄勺將湯盛入預熱過的碗中，飾以龍蒿，即可食用。

參考做法

如果您喜歡，可以用野生蘑菇和草菇混合起來代替栗子菇。

奶油蘑菇湯 *Cream of Mushroom Soup*

好的蘑菇湯會讓蘑菇的味道充分釋放出來。這裡介紹的蘑菇湯使用的是顏色清淡的草菇。至於栗子菇或者更好的野生蘑菇，儘管味道很好，但是會把湯色變得很深。

材料（4人份）

草菇	275克
葵花籽油	1大匙
奶油	3大匙
小洋蔥（切碎）	1個
中筋麵粉	1大匙
蔬菜高湯	2杯
牛奶	2杯
乾羅勒	
淡味鮮奶油（自選）	2至3大匙
鹽和新鮮研磨的黑胡椒粉	
新鮮的羅勒葉（裝飾用）	

❸ 加入中筋麵粉，加熱約1分鐘。緩緩倒入高湯和牛奶，勾成滑而不濃的湯芡。然後加入乾羅勒，並依口味加入鹽和胡椒。加熱至沸騰後蓋上一半鍋蓋繼續加熱約15分鐘。

❹ 將湯稍微冷卻再倒入食品加工器或攪拌機中攪打成均勻的糊狀。在煎鍋中將剩下的一半奶油加熱溶化，剩下的蕈傘慢慢煎3至4分鐘，直至變軟。

❺ 將湯倒回洗淨後的湯鍋中，加入煎過的蕈傘。加熱至高溫，依口味加入調味料。如備有奶油，此時加入。撒上新鮮羅勒葉，即可食用。

❶ 將蕈傘和蕈柄分開，蕈傘切片，蕈柄切塊。

❷ 在一口鍋底較重的湯鍋中加熱葵花籽油和一半的奶油，加入洋蔥、蕈柄和$\frac{3}{4}$蕈傘，煎1至2分鐘，充分翻炒。然後加蓋用小火燜6至7分鐘，期間適時攪拌。

巴里島蔬菜湯 *Balinese Vegetable Soup*

這道湯又叫Sayur Oelih，一切時令蔬菜都可以加入其中。

材料（8人份）

四季豆	225克
滾水	5杯
椰奶	$1\frac{2}{3}$杯
大蒜	1瓣
澳洲堅果2個或杏仁4個	
蝦醬塊	1公分見方
胡荽籽（乾炒後研磨）	2至3小匙
油炸用的油	
洋蔥（切薄片）	1個
月桂葉	2片
豆芽菜	225克
檸檬汁	2大匙
鹽	

❶ 去掉四季豆的頭尾，切成小段。在鹽水中煮3至4分鐘。將四季豆撈出，鹽水留下備用。

❷ 從椰奶頂部舀出3至4大匙，留下備用。

❸ 用食品加工器或研缽將大蒜、堅果、蝦醬和研磨過的胡荽籽磨成均勻的糊狀。

❹ 在圓底鍋或湯鍋中將洋蔥煎至顏色透明，然後從鍋中盛出備用。將大蒜堅果等的混合物放入鍋中煎2分鐘左右，注意不要煎糊。向鍋中添加煮過四季豆的鹽水和椰奶，加熱至沸騰，加入月桂葉。不要蓋鍋蓋，加熱15至20分鐘。

❺ 上桌前加入四季豆、煎洋蔥、豆芽菜、留下的椰奶和檸檬汁。依口味添加調味料，趁熱上桌。

素 優格濃湯 *Yogurt Soup*

印度一些地方的居民在這道湯中添加白糖。

材料（4～6人份）	
原味優格（打勻）	2杯
綠豆粉（印度名為besan）	$\frac{1}{4}$杯
紅辣椒粉	$\frac{1}{2}$小匙
薑黃	$\frac{1}{2}$小匙
鹽（調味用）	
新鮮青椒（切碎）	2至3個
蔬菜油	4大匙
乾紅辣椒	1整個
蒔蘿子	1小匙
咖哩葉	3至4片
大蒜（壓碎）	3瓣
鮮薑（去皮壓碎）	5公分
切碎的新鮮芫荽	2大匙

❶ 將優格、綠豆粉、紅辣椒和薑黃粉混合均勻，用篩子過濾進湯鍋中，加入青椒並加熱10分鐘左右，期間適時攪拌。注意不要讓湯汁溢出。

❷ 在煎鍋中加熱油，將剩下的香料和大蒜、鮮薑放入鍋中煎，直至乾紅辣椒變黑。然後加入1大匙切碎的新鮮芫荽。

❸ 在湯表面倒上煎過的香料，蓋上鍋蓋，靜置5分鐘左右。充分攪拌後加熱至少5分鐘，撒上芫荽，趁熱食用。

雞蛋乳酪濃湯 Egg and Cheese Soup

這道經典的羅馬湯品中，雞蛋和乳酪打勻後放進滾燙的肉湯中，產生一種微微凝固的奇妙質感，也成就了這道湯的不凡之處。

材料（6人份）

雞蛋	3個
精製粗粒小麥粉	3大匙
切碎的巴馬乾酪	6大匙
新鮮研磨的肉豆蔻	
肉汁或雞湯	$6\frac{1}{4}$杯
鹽和新鮮研磨的黑胡椒粉	
法國麵包（佐餐用）	12片

❶ 將雞蛋、粗粒小麥粉和乾酪在碗中攪打均勻，加入肉豆蔻，然後加入冷的高湯1杯。

❷ 同時在大湯鍋中加熱剩下的高湯至沸騰。

❸ 湯熱了之後將雞蛋打入其中，稍稍把火調大，加熱到即將沸騰的溫度。依口味加入鹽和胡椒，繼續加熱3至4分鐘。雞蛋在凝結的過程中湯會變得不再均勻。

❹ 上桌之前，將法國麵包片烘烤後放入各個湯盤中，每盤2片。將熱湯澆在麵包片上，立即上桌。

玉米奶油濃湯 *Creamy Corn Soup*

這道湯簡便易做口感絕佳。有時可添加一些酸奶油或奶油乳酪。您也可以加入紅辣椒，但是在墨西哥之外，這種材料不易買到。

材料（4人份）

玉米油	2大匙
洋蔥（切碎）	1個
紅椒（去籽切塊）	1個
甜玉米粒	$2\frac{2}{3}$杯
雞湯	3杯
淡味鮮奶油	1杯
鹽和新鮮研磨的黑胡椒粉	
紅椒（去籽切碎，裝飾用）	半個

❸ 將混合物倒入湯鍋中，倒入高湯攪拌，依口味加入鹽和胡椒，加熱5分鐘。

❹ 輕輕加入奶油，撒上紅椒塊。這道湯冷熱皆宜。如果作為熱湯上桌，則在加入奶油後微微加熱一下，但不要煮滾。

❶ 在煎鍋中加熱玉米油，把洋蔥和紅椒放入鍋中翻炒5分鐘，直至變軟，加入甜玉米，翻炒2分鐘。

❷ 小心地將鍋中的玉米等材料放入食品加工器或攪拌機，攪打成均勻的糊狀，將攪拌機壁上的殘餘物刮下來，如有需要可以加入一點高湯。

白豆湯 *White Bean Soup*

可以使用扁豆或利馬豆製作這道質地稠滑的湯品。

材料（4人份）

乾白豆（先在冷水中浸泡一夜）	$\frac{3}{4}$ 杯
油	2至3大匙
大洋蔥（切塊）	2個
芹菜稈（切段）	4根
歐洲防風草（切塊）	1棵
雞湯	4杯
鹽和新鮮研磨的黑胡椒粉	
切碎的新鮮芫荽和辣椒粉（裝飾用）	

① 將豆子瀝乾，在純水中煮10分鐘，將水倒出，加入更多純水，燜1至2小時，直至豆子變軟。保留煮豆子的水，撈去水面上漂浮的豆子表皮。

② 在一口鍋底較重的鍋中將油加熱，將洋蔥、芹菜和歐洲防風草煎3分鐘。

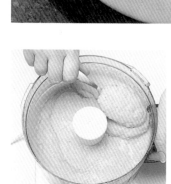

③ 加入煮熟的豆子和高湯，繼續加熱，直至蔬菜變軟。稍微冷卻，用食品加工器或攪拌機將湯攪打成均勻的糊狀。

④ 將湯微微熱一下，如果太稠，則慢慢加入一點煮過豆子的水或純水。然後依口味添加調味料。

烹飪小提示

可以用罐裝長白豆或利馬豆400克代替乾豆子，料理前瀝乾並用清水洗淨。

⑤ 上桌前將湯盛入大湯碗中，飾以新鮮的芫荽和辣椒粉，即可食用。

南瓜椰子濃湯 *Pumpkin and Coconut Soup*

香濃甜美和辛辣刺激在這道東南亞風味的湯品中完美結合。

材料（4～6人份）

大蒜（搗碎）	2瓣
青蔥（壓碎）	4棵
蝦醬	$\frac{1}{2}$小匙
乾蝦仁（浸泡10分鐘，瀝乾）	1大匙
檸檬草莖（切段）	1根
新鮮青椒（去籽）	2個
雞湯	$2\frac{1}{2}$杯
南瓜（切成2公分的塊狀）	450克
椰漿	$2\frac{1}{2}$杯
魚露	2大匙
糖	1小匙
煮熟後去殼的小對蝦	115克
鹽和新鮮研磨的黑胡椒粉	

裝飾配菜

新鮮的紅椒（去籽切薄片）	2個
新鮮羅勒葉	10至12片

⑤ 加入對蝦，充分加熱，撒上紅椒片和羅勒葉即可上桌。

① 用研缽將大蒜、青蔥、蝦醬、乾蝦仁、檸檬草、青椒和少許鹽研磨均勻的糊狀。

② 在大湯鍋中，將雞湯加熱至沸騰，加入研磨後的混合物，攪拌至溶解。

③ 火關小，加入南瓜，煮10至15分鐘，直至南瓜變軟。

④ 加入椰漿，然後加熱至沸騰。依口味加入魚露、糖和研磨過的黑胡椒粉。

烹飪小提示

蝦醬是用來增加食物刺激性的味道，在亞洲相當受到歡迎。

蝦仁玉米濃湯 *Shrimp and Corn Bisque*

辣椒醬為這道湯品添加刺激口感，質地更加滑順。

材料（4人份）

橄欖油	2大匙
洋蔥（切碎）	1個
奶油或乳瑪琳	4大匙
中筋麵粉	2大匙
魚高湯	3杯
牛奶	1杯
煮熟後去殼的小蝦仁 （如有需要去掉腸泥）	1杯
甜玉米粒	$1\frac{1}{2}$杯
新鮮蒔蘿或百里香（切碎）	$\frac{1}{2}$小匙
辣椒醬	
淡味鮮奶油	$\frac{1}{2}$杯
鹽	
新鮮蒔蘿（裝飾用）	

❶ 加熱橄欖油，加入洋蔥，用小火炒8至10分鐘，直至洋蔥變軟。

❷ 同時在另一口湯鍋中將奶油或乳瑪琳加熱溶化，倒入麵粉加熱1至2分鐘，再倒入高湯和牛奶，煮滾後繼續加熱5至8分鐘，期間多加攪拌。

❸ 將每個蝦仁切成2至3塊，和玉米、蒔蘿（或百里香）一起倒入有洋蔥的鍋中，加熱2至3分鐘，然後關火。

❹ 將湯汁倒入蝦仁、玉米鍋中，充分攪拌。盛出3杯放入攪拌機或食品加工器中攪打均勻，倒回湯鍋中，攪拌均勻。依口味添加鹽和辣椒醬。

❺ 加入奶油，攪拌均勻。將湯加熱至接近沸騰，期間多加攪拌。

❻ 將湯盛入各自碗中，以蒔蘿枝裝飾，趁熱食用。

對蝦奶油濃湯 *Shrimp Bisque*

製作一道經典法式濃湯必須將材料中的貝類用篩子過濾一遍。這裡介紹的配方簡單易做，但口感絲毫不減。

材料（6～8人份）

煮熟的、偏小或中等大小的帶殼對蝦	675克
蔬菜油	1½大匙
洋蔥（從中間剖開，切片）	2個
大胡蘿蔔（切片）	1個
芹菜稈（切片）	2根
純水	9杯
檸檬汁	幾滴
蕃茄醬	2大匙
香料包	
奶油	4大匙
中筋麵粉	⅓杯
白蘭地	3至4大匙
鮮奶油	⅔杯

❶ 去掉對蝦的頭和殼，蝦頭和蝦殼留下製作高湯。蝦尾置於無蓋的碗中並冷藏。

❷ 在大湯鍋中加熱蔬菜油，倒入蝦頭和蝦殼，用大火加熱，不停攪拌，直至顏色開始變成褐色。關至中火，加入蔬菜，煎5分鐘左右，偶爾翻炒，直至洋蔥變軟。

❸ 加入水和檸檬汁、蕃茄醬和香料包，煮滾，將火關小，加蓋燜25分鐘，再用篩子過濾。

❹ 在大湯鍋中用中火將奶油溶化，倒入麵粉繼續加熱，不時攪拌，直至麵粉呈金黃色。

❺ 加入白蘭地，慢慢倒入一半蝦高湯，劇烈攪拌直至混合物變成糊狀，然後倒入剩下的一半蝦高湯，充分攪拌，如需要可加入適量調味料。將火關小，加蓋燜5分鐘，注意不時攪拌。

❻ 湯過濾進一口乾淨的湯鍋中，加入奶油和少許檸檬汁，倒入多數冷藏的蝦尾肉，在中火上加熱至滾燙，並且注意不時攪拌。撒上留下的蝦尾肉，趁熱食用。

烹飪小提示

料理時您可以不使用白蘭地，味道一樣鮮美不會受到影響。

鮮魚馬鈴薯濃湯 *Fish and Sweet Potato Soup*

馬鈴薯細膩的甜味和魚肉以及牛至草的芬芳，組合成這道令人胃口大開的湯品。

材料（4人份）

洋蔥（切塊）	半個
甜馬鈴薯（去皮切塊）	175克
白色魚肉（去皮去骨）	175克
胡蘿蔔	50克
切碎的新鮮牛至草1小匙或乾牛至草$\frac{1}{2}$小匙	
肉桂粉	$\frac{1}{2}$小匙
魚高湯	$6\frac{1}{4}$杯
淡味鮮奶油	5大匙
切碎的新鮮巴西利（裝飾用）	

① 將洋蔥塊、甜馬鈴薯塊、魚肉、胡蘿蔔塊、牛至草、肉桂和一半的魚高湯倒入湯鍋中，煮滾，然後煮20分鐘直至馬鈴薯熟透。

② 冷卻後，倒入攪拌機或食品加工器攪打成均勻的糊狀。

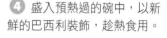

③ 將湯倒回湯鍋中，然後加入剩下的魚高湯，慢慢加熱至沸騰。將火調到小火，加入淡味鮮奶油，然後慢慢充分加熱，但不要煮滾。注意適時攪拌。

④ 盛入預熱過的碗中，以新鮮的巴西利裝飾，趁熱食用。

參考做法

可以用切碎的新鮮龍蒿代替巴西利。

辣根奶油南瓜湯 *Squash Soup with Horseradish Cream*

奶油、咖哩粉和辣根讓這道賞心悅目的金色湯品組合成完美的湯品。

材料（6人份）

南瓜	1個
烹飪用蘋果	1個
奶油	2大匙
洋蔥（切碎）	1個
咖哩粉（多備一些裝飾用）	
	1至2小匙
蔬菜高湯	3¾杯
切碎的新鮮鼠尾草	1小匙
蘋果汁	⅔杯
鹽和新鮮研磨的黑胡椒粉	
萊姆絲（裝飾用）	

辣根奶油

鮮奶油	4大匙
辣根醬	2小匙
咖哩粉	½小匙

1 南瓜和蘋果去皮，去核，切成塊。

2 在大湯鍋中將奶油加熱，加入洋蔥，煎5分鐘至變軟，適時翻炒。加入咖哩粉，加熱2分鐘並不停攪拌直至散發香味。

3 加入高湯、南瓜、蘋果和鼠尾草，加熱至沸騰，將火關小，蓋上鍋蓋加熱20分鐘，直至南瓜和蘋果變軟。

4 同時，開始製作辣根奶油。在碗中將奶油攪打成固體，然後加入辣根醬和咖哩粉，加蓋冷藏備用。

5 在攪拌機和食品加工器中將湯鍋中的湯攪打成均勻的糊狀，倒回洗淨的鍋中，加入蘋果汁，依口味加入鹽和胡椒。再次微微加熱，但不要煮滾。

6 將湯盛入各自的湯碗中，澆上一勺辣根奶油，撒上一些咖哩粉，如果喜歡可以加入少許萊姆絲。

泰式雞湯 *Thai-Style Chicken Soup*

椰奶、檸檬草、鮮薑和萊姆的混合芬芳，配上一點紅辣椒的刺激，成就了這道湯的美味。

材料（4人份）

材料	份量
油	1小匙
新鮮紅辣椒（去籽切塊）	1至2個
大蒜（壓碎）	2瓣
青蒜（切成薄片）	1棵
雞湯	$2\frac{1}{2}$ 杯
椰奶	約 $1\frac{2}{3}$ 杯
去骨雞大腿肉	450克
泰式魚露	2大匙
檸檬草莖（撕成細絲）	1根
鮮薑（去皮切碎）	2.5公分
糖	1小匙
萊姆葉（自選）	4片
凍豆子（解凍）	$\frac{3}{4}$ 杯
切碎的新鮮芫荽	3大匙

❸ 加入雞肉、魚露、檸檬草、薑、糖和萊姆葉（如果選用的話）。將火關小，蓋上鍋蓋燜15分鐘，直至雞肉變爛。注意適時攪拌。

❹ 加入豆子，繼續加熱3分鐘，撈出檸檬草，加入芫荽，即可上桌。

❶ 在大湯鍋中把油加熱，將紅辣椒和大蒜煎2分鐘，加入青蒜，繼續加熱2分鐘。

❷ 倒入高湯和椰奶，用小火加熱至沸騰。

辣味蘑菇雞肉湯 *Spicy Chicken and Mushroom Soup*

這道雞肉濃湯可以作為一頓豐盛的午餐。請在滾燙時佐以蒜香麵包享用。

材料（4人份）

無鹽奶油	6大匙
壓碎的大蒜	$\frac{1}{2}$小匙
印度什香粉	1小匙
研磨過的黑胡椒粒	1小匙
鹽	1小匙
新鮮研磨的肉豆蔻	$\frac{1}{4}$小匙
雞肉（去皮去骨）	225克
中等大小的青蒜	1棵
蘑菇（切片）	1大杯
甜玉米粒	$\frac{1}{3}$杯
水	$1\frac{1}{4}$杯
淡味鮮奶油	1杯
切碎的新鮮芫荽	2大匙
搗碎的乾紅辣椒（裝飾用）	1小匙

3 關火，稍微冷卻，將$\frac{3}{4}$混合物盛入食品加工器或攪拌機中，加入水，攪拌約1分鐘。

4 將攪拌出來的成品倒回湯鍋中，與湯鍋中剩餘的混合物一起用中火加熱至沸騰。將火關小，加入奶油。

5 加入新鮮的芫荽，依口味添加調味料，趁熱食用。如果喜歡的話，可以撒上搗碎的乾紅辣椒。

1 在中等大小的湯鍋中將奶油溶化，將火關小，加入大蒜和什香粉，將火減至更小，加入黑胡椒粒、鹽和肉豆蔻。

2 將雞肉切成細絲，與青蒜、蘑菇和甜玉米一起倒入鍋中，加熱5至7分鐘，直至雞肉熟透。注意不斷攪拌。

杏仁雞肉濃湯 *Chicken and Almond Soup*

佐以印度薄餅，這道湯就可以作為一頓午餐或晚餐了！

材料（4人份）

無鹽奶油	6大匙
中等大小的青蒜（切成段）	1棵
鮮薑絲	$\frac{1}{2}$小匙
研磨過的杏仁	$\frac{3}{4}$杯
鹽	1小匙
壓碎的黑胡椒粒	$\frac{1}{2}$小匙
新鮮青椒（切塊）	1個
中等大小的胡蘿蔔（切片）	1個
凍豆子	$\frac{1}{2}$杯
雞肉（去皮去骨切丁）	1杯
切碎的新鮮芫荽	2大匙
水	2杯
淡味鮮奶油	1杯
新鮮的胡荽	4枝

❶ 在一口較深的圓底煎鍋中將奶油溶化，倒入青蒜段和鮮薑，煎至柔軟即可，顏色只是稍稍變深。

❷ 將火關小，加入研磨過的杏仁、鹽、胡椒粒、紅辣椒、胡蘿蔔、豆子和雞肉，翻炒10分鐘左右，直至雞肉熟透。加入切碎的新鮮芫荽。

❸ 關火，稍微冷卻。將鍋中混合物倒入食品加工器或者攪拌機中，攪拌1分半鐘左右，倒入純水，繼續攪拌30秒。

❹ 倒回湯鍋中，加熱至沸騰，注意適時攪拌。煮滾後立即將火關小，慢慢加入奶油，然後繼續用小火並攪拌加熱2分鐘，飾以芫荽，即可上桌。

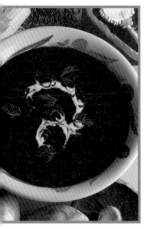

香濃暖湯

WARMING WINTER SOUPS

素 羅宋湯 *Borscht*

僅僅憑著炫目的色彩，這道經典的俄羅斯湯品就能讓您感覺與眾不同。

材料（6人份）

材料	份量
洋蔥（切塊）	1個
甜菜根（去皮切塊）	450克
芹菜稈（切段）	2個
紅辣椒（切塊）	半個
蘑菇（切塊）	115克
烹飪用大蘋果（切丁）	1個
奶油	2大匙
葵花籽油	2大匙
高湯或水	9杯
小茴香子	1小匙
乾百里香	
月桂葉	1大片
新鮮檸檬汁	
鹽和新鮮研磨的黑胡椒粉	

裝飾配菜

酸奶油	⅔杯
新鮮蒔蘿	

烹飪小提示

在食用前一天將湯做好，味道會更加美妙醇厚。

① 將切成塊的蔬菜和蘋果、奶油、葵花籽油、3杯高湯或水一起倒入大湯鍋中，加蓋，用小火加熱15分鐘左右，注意適時將鍋晃動幾下。

② 加入小茴香子，繼續加熱1分鐘，然後加入剩下的高湯或水、百里香、月桂葉、檸檬汁和適量調味料。

③ 加熱至沸騰，蓋上鍋蓋，關至小火，加熱30分鐘左右。

④ 過濾，留下湯汁，在食品加工器或攪拌機中將蔬菜攪打成糊狀。

⑤ 將蔬菜糊倒回鍋中，加入保留的湯汁，再次加熱，依口味放入調味料。

⑥ 盛入個人湯碗中，在湯的表面飾以一小撮漩渦狀的酸奶油，奶油頂上撒上幾枝新鮮的蒔蘿，即可上桌。

素 咖哩芹菜濃湯 Curried Celery Soup

味道雖較常見卻又十分開胃，這道暖湯不失為料理芹菜時的一種好辦法。享用時可搭配全麥麵包。

材料（4～6人份）	
橄欖油	2小匙
洋蔥（切塊）	1個
青蒜（切片）	1棵
芹菜（切塊）	675克
微辣或辣味的咖哩粉	1大匙
未削皮的馬鈴薯（洗淨切丁）	225克
蔬菜高湯	3¾杯
香料包	1個
切碎的新鮮混合香料植物	2大匙
鹽	
芹菜籽和葉（裝飾用）	

❶ 在大湯鍋中把橄欖油加熱，倒入洋蔥、青蒜和芹菜。蓋上鍋蓋用小火加熱10分鐘左右，注意適時翻動。

❷ 加入咖哩粉，用小火加熱2分鐘，注意不時翻動。

參考做法

為了變換口味，也可食用塊根芹和甜馬鈴薯代替芹菜和普通馬鈴薯。

❸ 加入馬鈴薯、高湯和香料包，加蓋煮滾，然後煮20分鐘左右，直至蔬菜稍稍變軟。

❹ 拿出香料包，在進行下一步加工前讓湯稍微冷卻。

❺ 將湯倒入攪拌機或食品加工器中，攪拌成均勻的糊狀。

❻ 加入混合的香料植物，依口味加入調味料，再次微微攪拌。倒回湯鍋中，加熱至滾燙。用長柄勺盛入湯碗中，並在每碗湯的表面撒上芹菜籽和少許芹菜葉，即可上桌。

蕁麻湯 *Nettle Soup*

這道鄉村風味的湯品是經典的愛爾蘭馬鈴薯湯的衍生佳肴。如果能找到野生蕁麻，請使用野生蕁麻，如果您喜歡，亦可使用洗淨的圓生菜葉。

材料（4人份）

奶油	$\frac{1}{2}$杯
洋蔥（切片）	450克
馬鈴薯（切塊）	450克
雞湯	3杯
蕁麻葉	25克
香蔥（切碎）	
鹽和新鮮研磨的黑胡椒粉	
鮮奶油	

2 戴上橡膠手套，將蕁麻葉從莖上摘下，在自來水下清洗乾淨，用吸水紙洗乾。加入湯鍋中，繼續加熱5分鐘。

3 用長柄勺將湯盛入攪拌機或食品加工器中，攪打成均勻的糊狀，倒回湯鍋中，添加調味料。撒入香蔥末並攪拌。添上一小撮漩渦狀的奶油和少許胡椒粉即可上桌。

1 在大湯鍋中將奶油溶化，加入切成片的洋蔥，加蓋燜5分鐘直至洋蔥變軟。將馬鈴薯和雞湯一起倒入鍋中，加蓋燜25分鐘左右。

烹飪小提示

如果您喜歡，可以將蔬菜煮爛一點，不用攪拌，保持塊狀食用。

歐洲防風草青蒜鮮薑湯 *Leek, Parsnip and Ginger Soup*

味道濃郁的冬日暖湯，添加了鮮薑獨特的辛辣。

材料（4～6人份）

橄欖油	2大匙
青蒜（切片）	2杯
鮮薑（去皮切碎）	25克
歐洲防風草（切塊）	5杯
乾白葡萄酒	$1\frac{1}{4}$杯
蔬菜高湯或水	5杯
鹽和新鮮研磨的黑胡椒粉	
法國布藍酸奶油乳酪和辣椒粉	

① 在鍋中把油加熱，加入青蒜和鮮薑，用小火加熱2至3分鐘，直至青蒜開始變軟。

② 加入歐洲防風草，繼續加熱7至8分鐘直至開始變軟。

③ 倒入酒和高湯（或水），加熱至沸騰。將火關小煮20至30分鐘，直至防風草根煮爛。

④ 在攪拌機或食品加工器中攪打成均勻的糊狀，依口味添加適量調味料，再次加熱，然後飾以一小撮白奶酪花紋，和少許辣椒粉，即可上桌。

豌豆菠菜湯 *Green Pea Soup with Spinach*

這道可愛的綠色湯食是由17世紀一名英國國會成員的妻子發明的，已經具有一段歷史。

材料（6人份）

去掉豆莢的新鮮豌豆或凍豆子	3大杯
青蒜（切成薄片）	1棵
大蒜（切碎）	2瓣
培根（切碎）	2片
火腿或雞湯	5杯
橄欖油	2大匙
新鮮菠菜（切絲）	50克
包心菜（切絲）	40克
小萵苣（切絲）	半個
芹菜稈（切塊）	1根
巴西利（切碎）	
芥菜或水芹	$\frac{1}{2}$杯
切碎的新鮮薄荷	4小匙
研磨後的豆蔻香料	
鹽和新鮮研磨的黑胡椒粉	

① 將豌豆、青蒜、大蒜和培根放在一大湯鍋中，倒入高湯，加熱至沸騰，然後關至小火，煮20分鐘。

② 湯鍋中的豌豆煮好前5分鐘，在另一大湯鍋中把橄欖油加熱。

③ 加入菠菜、白菜、萵苣、芹菜和香料植物，蓋上蓋並用小火加熱，直至蔬菜變軟。

④ 將第一口湯鍋中的豆子等混合物倒入攪拌機或食品加工器中，攪打成均勻的糊狀。然後倒入菠菜、白菜等蔬菜的湯鍋中，充分加熱。撒上肉豆蔻、鹽和胡椒，即可上桌。

辣味胡蘿蔔蒜香麵包湯 *Spicy Carrot Soup with Garlic Croutons*

胡荽、小茴香和紅辣椒粉為這道胡蘿蔔湯帶來了獨特的風味。

材料（6人份）

橄欖油	1大匙
大洋蔥（切塊）	1個
胡蘿蔔（切片）	675克
研磨過的胡荽、小茴香和紅辣椒粉	1小匙
蔬菜高湯	3¾杯
鹽和新鮮研磨的黑胡椒粉	
新鮮的胡荽（裝飾用）	

蒜味麵包片

橄欖油	
大蒜（切碎）	2瓣
麵包（去掉外殼，切成1公分的方形）	4片

1 在大湯鍋中將油加熱，加入洋蔥和胡蘿蔔，用小火加熱5分鐘，注意偶爾翻動。加入研磨過的香料，微微加熱1分鐘，繼續攪拌。

2 倒入高湯並攪拌，加熱至沸騰，然後加蓋燜45分鐘左右，直至胡蘿蔔變軟。

3 同時開始準備蒜味麵包片。在煎鍋中把油加熱，加入大蒜，微煎30秒，並不停翻炒。加入麵包塊，在油中翻面，用小火煎幾分鐘，直至香脆並且完全變成金黃色，不停翻炒。在吸油紙上瀝乾油，並注意不要冷掉。

4 將湯倒入攪拌機或者食品加工器中攪拌均勻，依口味添加鹽和胡椒粉。倒回洗淨的湯鍋中，微微加熱。撒上蒜味麵包片和胡荽，趁熱食用。

咖哩胡蘿蔔蘋果湯 Curried Carrot and Apple Soup

胡蘿蔔、咖哩和蘋果是一套十分成功的搭配。咖哩味的水果十分美味。

材料（4人份）

葵花籽油	2小匙
淡椰汁咖哩粉	1大匙
胡蘿蔔（切片）	500克
大洋蔥（切塊）	1個
青蘋果（切塊）	1個
雞湯	3杯
鹽和新鮮研磨的黑胡椒粉	
原味優格和胡蘿蔔絲（裝飾用）	

❸ 用小火加熱15分鐘，注意適時將鍋搖一搖，直至鍋內材料變軟，盛出放入食品加工器或攪拌機中，倒入一半的高湯，攪打成均勻的糊狀。

❹ 倒回鍋中，加入剩下的一半高湯，加熱至沸騰並依口味調節調味料用量後盛入湯碗中，飾以一小撮酸奶花紋和幾卷生的胡蘿蔔絲，即可食用。

❶ 在大的、鍋底較重的湯鍋中將油加熱，倒入咖哩粉，微微煎2至3分鐘。

❷ 加入胡蘿蔔片、洋蔥塊和蘋果翻炒，直至都裹上一層咖哩粉，加高湯後蓋上鍋蓋。

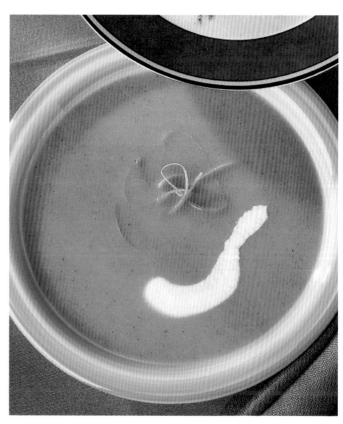

南瓜湯 *Pumpkin Soup*

南瓜的甜味本來就十分適合做湯，再配上洋蔥和馬鈴薯等味道十足的材料，就可以組成一道溫暖豐盛的湯品。想要得到更加獨特地風味，您可以試試再加入高湯前先將南瓜塊烤一烤。

材料（4～6人份）

葵花籽油	1大匙
奶油	2大匙
大洋蔥（切片）	1個
南瓜（切塊）	675克
馬鈴薯（切片）	450克
蔬菜高湯	2½杯
新鮮研磨的肉豆蔻	
切碎的新鮮龍蒿	1小匙
牛奶	2½杯
檸檬汁	約1至2小匙
鹽和新鮮研磨的黑胡椒粉	

① 在湯鍋中將葵花籽油和奶油加熱，把洋蔥用小火煎4至5分鐘左右，直至變軟，注意不時翻動以防燒焦。

② 加入南瓜和馬鈴薯片，充分翻動，加蓋用小火燜10分鐘左右直至變軟，注意不時攪拌，防止黏鍋。

③ 加入高湯、肉豆蔻、龍蒿和調味料，加熱至沸騰，然後繼續煮10分鐘左右直至蔬菜完全變軟。

④ 稍微冷卻，倒入食品加工器或攪拌機中攪打成均勻的糊狀，倒回洗淨的湯鍋，加入牛奶。微微加熱，然後依口味加入檸檬汁，如有需要再添加一些調味料，趁熱食用。

甜馬鈴薯紅椒湯 *Sweet Potato and Red Pepper Soup*

美觀又美味，這道湯無疑是道經典湯品。

材料（6人份）

紅椒（去籽切塊）2個，大約225克	
甜馬鈴薯（切丁）	500克
洋蔥（切大塊）	1個
大的大蒜（切塊）	2瓣
乾白葡萄酒	$1\frac{1}{4}$杯
蔬菜高湯	5杯
辣椒醬（調味用）	
鹽和新鮮研磨的黑胡椒粉	
新鮮的鄉村麵包（佐餐用）	

❶ 小部分的紅椒切成小丁，作為裝飾配菜。剩下的與甜馬鈴薯、洋蔥、大蒜、酒和蔬菜湯一起倒入湯鍋中，加熱至沸騰，將火關小，慢慢加熱30分鐘左右，直至所有的蔬菜完全變軟。

❷ 將鍋內材料倒入攪拌機或食品加工器中攪打成均勻的糊狀，依口味添加鹽、胡椒和適量辣椒醬。稍微冷卻，撒上切成小丁的紅椒，將湯溫熱即可食用，也可以常溫上桌。

甜馬鈴薯歐洲防風草湯 *Sweet Potato and Parsnip Soup*

兩種塊莖蔬菜的甜味在這道美味的湯品中相得益彰。

材料（6人份）

葵花籽油	1大匙
大青蒜（切片）	1棵
青蒜稈（切塊）	2棵
甜馬鈴薯（切丁）	450克
歐洲防風草（切丁）	225克
蔬菜高湯	$3\frac{3}{4}$ 杯
鹽和新鮮研磨的黑胡椒粉	

裝飾配菜

切碎的新鮮巴西利	1大匙
烤製的條狀甜馬鈴薯和歐洲防風草	

❶ 在大湯鍋中先把油加熱，加入青蒜、芹菜、甜馬鈴薯和歐洲防風草，稍微煎5分鐘，不時翻動以防燒焦或黏鍋。

❷ 倒入蔬菜高湯並攪拌，加熱至沸騰，然後加蓋燜25分鐘左右，直至蔬菜變軟，注意須適時翻動。依口味添加調味料。最後關火，稍微冷卻。

❸ 將湯倒入攪拌機或食品加工器中攪打成糊，再倒回鍋中微微加熱。將湯盛入預熱過的湯碗中，撒上切碎的新鮮巴西利、烤製的條狀甜馬鈴薯和歐洲防風草，即可食用。

素 菜根湯 *Root Vegetable Soup*

集合了冬天各種大家喜歡的塊莖蔬菜，煮成一鍋暖胃又暖心的湯，上桌前加入的鮮奶油，又增添了濃滑的口感。

材料（6人份）	
中等大小的胡蘿蔔（切塊）	3個
大馬鈴薯（切塊）	1個
歐洲防風草（切塊）	1個
大蕪菁根或小瑞典蕪菁（切塊）	1個
洋蔥（切塊）	1個
葵花籽油	2大匙
奶油	2大匙
水	$6\frac{1}{4}$杯
鮮薑（去皮切碎）	1片
牛奶	$1\frac{1}{4}$杯
鮮奶油或酸奶	3大匙
切碎的新鮮蒔蘿	2大匙
檸檬汁	1大匙
鹽和新鮮研磨的黑胡椒粉	
新鮮蒔蘿（裝飾用）	

❶ 將胡蘿蔔、馬鈴薯、歐洲防風草、蕪菁根（或瑞典蕪菁）和洋蔥與葵花籽油、奶油一起倒入大的湯鍋中，稍稍煎一下，然後加蓋用小火燜15分鐘，注意適時將鍋搖一搖。

❷ 將水倒入鍋中，加熱至沸騰，依口味添加調味料。加蓋燜20分鐘直至蔬菜變軟。

❸ 過濾蔬菜，將湯汁留在鍋中，將薑和蔬菜放入食品加工器或攪拌機中打成均勻糊狀，倒回鍋中。微微加熱，加入牛奶並攪拌。

❹ 關火，加入鮮奶油或酸奶並攪拌，最後加入蒔蘿和檸檬汁，如有必要可再適量添加調味料。最後微微加熱，但不要煮滾，否則會凝結成塊。撒上少許蒔蘿即可上桌。

百里香青蒜湯 Leek and Thyme Soup

這是一款飽胃又暖心的湯品，可以攪打成糊狀的濃湯，也可以像本頁介紹的做法一樣，保留原汁原味的田園風格。

材料（4人份）

青蒜	900克
馬鈴薯	450克
奶油	$\frac{1}{2}$杯
新鮮百里香（備少許裝飾用）	1大枝
牛奶	$1\frac{1}{4}$杯
鹽和新鮮研磨的黑胡椒粉	
鮮奶油（佐餐用）	4大匙

❸ 在大湯鍋中將奶油融化，然後加入青蒜和1枝百里香。蓋上鍋蓋加熱4到5分鐘直至青蒜變軟。

❹ 加入馬鈴薯塊和冷水，水的位置不要超過蔬菜。再蓋上鍋蓋，用小火加熱30分鐘。倒入牛奶，依口味加入調味料。加蓋再燜30分鐘。馬鈴薯一般會由於變軟而破碎，您可以讓它保持這種半糊半固體的狀態。

❺ 將百里香取出（葉子應該已脫落進入湯中），加入幾匙的鮮奶油，飾以百里香少許，即可上桌。

❶ 將青蒜去頭去尾。如果使用的是粗大的冬季青蒜，則應去掉外層葉子，再切成薄片。在自來水下將青蒜清洗乾淨。

❷ 將馬鈴薯切成2.5公分的塊狀，並在吸水紙上瀝乾。

蘑菇香料湯 _Mushroom and Herb Potage_

如果這道湯做成後不是均勻的糊狀，屬於正常現象。湯中帶有一點材料的顆粒時，口感會更好。

材料（4人份）

燻培根	50克
洋蔥（切塊）	1個
葵花籽油	1大匙
野蘑菇或野菌與洋蘑菇的混合物	350克
精製的肉汁高湯	2½杯
甜雪利酒	2大匙
切碎的香料蔬菜2大匙（比如鼠尾草、迷迭香、百里香和牛至草）或乾香料蔬菜2小匙	
鹽和新鮮研磨的黑胡椒粉	
鼠尾草或牛至草（裝飾用）	
原味優格或酸奶（佐餐用）	4大匙

2 放入洋蔥，加熱直至變軟。如有需要可以再加一點油。將蘑菇洗淨，切塊放入鍋中，加蓋加熱，直至變軟。

3 加入高湯、雪利酒和香料蔬菜，並依口味加入調味料，燜10到12分鐘。在食品加工器或攪拌機中將湯攪打成糊狀。若中間還有少許塊狀材料，屬正常現象。

4 依據需要適當添加調味料，並充分加熱。在各碗中飾以一團酸奶或優格，並點綴若干枝鼠尾草或迷迭香，即可食用。

1 培根切塊，放入大湯鍋中，用小火加熱直至油脂榨出。

蘑菇芹菜蒜味湯 *Mushroom, Celery and Garlic Soup*

蘑菇的醇厚芬芳，加上一點大蒜的辛辣，與芹菜相得益彰，打造出味覺的絕美享受。

材料（4人份）

材料	份量
切成塊的蘑菇	$4\frac{1}{2}$杯
芹菜（切塊）	4根
大蒜	3瓣
乾雪利酒或白葡萄酒	3大匙
雞湯	3杯
伍斯特醬	2大匙
新鮮研磨的肉豆蔻	1小匙
鹽和新鮮研磨的黑胡椒粉	
芹菜葉（裝飾用）	

❶ 將蘑菇、芹菜和大蒜放入平底鍋中，加入雪利酒或白葡萄酒。加蓋用小火燜30到40分鐘，直至蔬菜變軟。

❷ 加入一半高湯，放入食品加工器或攪拌機中攪打成均勻糊狀，倒回鍋中，加入剩餘的高湯、伍斯特醬和肉豆蔻。

❸ 加熱至沸騰，依口味加入鹽和黑胡椒粉，飾以芹菜葉，即可食用。

素 巴西利蘑菇麵包湯 *Mushroom and Bread Soup with Parsley*

由於加入了麵包，讓湯體變得更加濃稠。在寒冷的冬日，這道香濃的湯品可以給您溫暖的慰藉，做為一頓豐盛營養的午餐。

材料（8人份）

無鹽奶油	6大匙
野蘑菇（切片）	900克
洋蔥（切大塊）	2個
牛奶	$2\frac{1}{2}$杯
白麵包	8片
切碎的新鮮巴西利	4大匙
鮮奶油	$1\frac{1}{4}$杯
鹽和新鮮研磨的黑胡椒粉	

❶ 奶油加熱融化後，將蘑菇片和洋蔥塊煎10分鐘，直至變軟但未燒焦。接著加入牛奶。

❷ 將麵包撕成片，用湯浸泡15分鐘。將湯攪打成糊狀，然後倒回鍋中。加入3匙巴西利、鮮奶油和調味料。再次加熱，但不要煮滾。飾以剩下的巴西利，即可食用。

法式洋蔥湯 *French Onion Soup*

在法國，這道標準的法式濃湯在餐廳的點菜率非常高，以至於gratinee這個單字已經成了洋蔥湯的專有名詞。

材料（6～8人份）

奶油	1大匙
橄欖油	2大匙
大洋蔥（切碎）	4個
大蒜	2至5瓣
白糖	1小匙
乾百里香	$\frac{1}{2}$小匙
中筋麵粉	2大匙
乾白葡萄酒	$\frac{1}{2}$杯
牛肉高湯	9杯
白蘭地（自選）	2大匙
烤過的法國麵包	6至8厚片
研磨過的格魯耶爾（Gruyere）或瑞士乳酪	3杯

① 在大的、鍋底比較重的湯鍋或耐熱的砂鍋中用小火加熱奶油和橄欖油。放入洋蔥，煎10到12分鐘直至洋蔥變軟，並且顏色變深。

② 留下一瓣大蒜備用，剩下的切碎，倒入洋蔥鍋中。加入糖和百里香，繼續用小火加熱30到35分鐘，直至洋蔥完全變成褐色，要充分攪拌。

③ 撒上麵粉並且充分攪拌，然後加入酒和高湯，加熱至沸騰。撈去表面上的泡沫，然後將火關小，燜45分鐘。白蘭地可在這期間加入。

④ 將烤架預熱，用剩下的蒜瓣均勻塗抹在烤法國麵包片的兩面。在烤盤上放置6到8個耐熱的湯碗，盛入洋蔥湯至$\frac{3}{4}$滿。

⑤ 在各碗中放入一片烤麵包。在麵包表面撒上碎乳酪，抹均勻，然後在離熱源15公分的地方烘烤3到4分鐘，直至乳酪開始融化並起泡。在滾燙時食用風味最佳。

菠菜蒜味湯 *Spanish Garlic Soup*

這是一道做法簡單但討人喜歡的湯品，所使用的大蒜是許多喜歡簡便的湯廚們情有獨鍾的材料。

材料（4人份）

橄欖油	2大匙
大蒜（去皮）	4大瓣
法國麵包（厚度約0.5公分）	4片
辣椒粉	1大匙
牛肉高湯	4杯
研磨過的小茴香子	$\frac{1}{4}$小匙
番紅花	
雞蛋	4顆
鹽和新鮮研磨的黑胡椒粉	
切碎的新鮮巴西利（裝飾用）	

❷ 加入辣椒粉，翻炒數秒。倒入牛肉高湯、小茴香子、番紅花和大蒜，用木勺將蒜瓣壓碎。依口味加入鹽和黑胡椒粉，然後加熱5分鐘左右。

❸ 將湯盛入4只耐高溫的湯碗中，在每只碗中打進一枚雞蛋。雞蛋上方放一片炸麵包片，然後將碗放入烤箱加熱3至4分鐘，直至雞蛋凝固。在每碗湯上飾以巴西利，即可趁熱上桌。

❶ 將烤箱預熱到攝氏230度。在大平底鍋中把油加熱，加入大蒜瓣，煎至兩面呈現金黃色，撈出備用。然後放入麵包片，同樣煎至呈現金黃色，撈出備用。

烹飪小提示

在啟動烤箱的同時放入一張烤盤。在烤盤變得滾燙之後將碗放在上面，這樣在雞蛋凝固後可以很容易地將碗取出。

義大利鹹肉洋蔥湯 *Onion and Pancetta Soup*

這道冬日暖湯來自義大利中部的翁布裡亞Umbria。在原產地，這道湯會由於加入了雞蛋和大量的巴馬乾酪粉而變得十分濃稠，然後澆在熱的烤麵包片上使用，口感類似於炒雞蛋。

材料（4人份）

義大利鹹肉片（去掉肉皮，切成大片）	115克
橄欖油	2大匙
奶油	1大匙
洋蔥（切成薄片）	675克
白砂糖	2小匙
雞湯	約5杯
成熟的義大利梅形蕃茄（去皮切塊）	350克
新鮮的羅勒葉（切成條狀）	
鹽和新鮮研磨的黑胡椒粉	
磨碎的巴馬乾酪粉（佐餐用）	

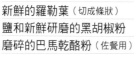

① 將切碎的鹹肉放入大湯鍋中，用小火加熱，注意須不時翻動，直至油脂榨出。將火增至中火，加入橄欖油、奶油、洋蔥片和糖，攪拌均勻。

② 蓋上部分鍋蓋，將洋蔥煎20分鐘左右至呈現金黃色，注意須不時攪拌，並在需要時將火關小。

③ 加入高湯、蕃茄、鹽和胡椒，攪拌。將火關小，然後約燜30分鐘，期間須不時攪拌。

④ 如果湯太濃稠，可加入高湯或純水。

⑤ 加入大部分的羅勒葉，若需要可添加適量調味料。飾以剩下的羅勒葉，旁邊配上新鮮研磨的巴馬乾酪粉，即可上桌。

烹飪小提示

做這道湯品，最好使用維達麗亞（Vidalia）洋蔥來製作這道湯，一般在大型超市裡通常都有銷售。這種洋蔥的味道較甜，並且有誘人的黃色果肉。

素 蕃茄芫荽辣湯 Spicy Tomato and Cilantro Soup

暖胃又暖心的蕃茄湯總是受到許多人的喜愛。這道湯味道辛辣鮮美，是冬日裡不可多得的美味。

材料（4人份）

蕃茄	675克
蔬菜油	2大匙
月桂葉	1片
蔥（切段）	4棵
鹽	1小匙
蒜泥	$\frac{1}{2}$小匙
研磨過的黑胡椒粒	1小匙
切碎的新鮮芫荽	2大匙
水	3杯
玉米粉	1大匙
淡味鮮奶油（佐餐用）	2大匙

烹飪小提示

如果市場上的新鮮蕃茄還比較青澀，可在鍋中加入蕃茄塊時一起加入1匙的蕃茄醬。能使色澤更加鮮豔，味道也更加醇厚。

❶ 將蕃茄放入燒滾的開水中，然後用漏勺撈出，則可輕易地將皮除去。然後將去皮的蕃茄切塊。

❷ 在中等大小的湯鍋中，將油加熱，放入蕃茄、月桂葉和蔥，煎幾分鐘，直至材料開始變得透亮，但沒有燒焦。

❸ 在湯鍋中慢慢加入鹽、大蒜、胡椒粒和新鮮芫荽，攪拌均勻，最後加入水。

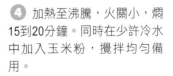

❹ 加熱至沸騰，火關小，燜15到20分鐘。同時在少許冷水中加入玉米粉，攪拌均勻備用。

❺ 將湯鍋從火爐上拿下，通過一個篩子將湯濾入碗中。篩子中留下的蔬菜可以丟棄。

❻ 將濾過的湯倒回鍋中，加入玉米粉糊，用小火加熱並持續攪拌3分鐘左右，直至湯體變濃稠。

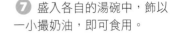

❼ 盛入各自的湯碗中，飾以一小撮奶油，即可食用。

蕃茄細麵條湯 _Tomato and Vermicelli Soup_

在放入美味的湯汁以前，細麵條須先放在油中稍微煎一下。

材料（4人份）

橄欖或玉米油	2大匙
細麵條	$\frac{1}{3}$杯
洋蔥（切塊）	1個
大蒜（切碎）	1瓣
蕃茄（去皮去籽切塊）	450克
雞湯	4杯
糖	$\frac{1}{4}$小匙
切碎的新鮮芫荽（多備一些裝飾用）	1大匙
鹽和新鮮研磨的黑胡椒粉	
磨碎的巴馬乾酪粉（佐餐用）	$\frac{1}{3}$杯

1 在煎鍋中先將油加熱，用小火將細麵條煎至呈現深金黃色。注意不要讓麵條燒焦。

2 將煎鍋從火爐上拿下，用漏勺將麵條撈出，在吸油紙上吸乾油備用。

3 將洋蔥、大蒜和蕃茄在食品加工器中攪打均勻。將煎鍋重新放回火爐上，將油加熱之後，放入洋蔥、大蒜和蕃茄的混合物。加熱5分鐘，期間須不時翻動，直至變稠。

4 將煎鍋中的混合物倒入一口湯鍋中，加入細麵條並倒入高湯。依口味加入糖、鹽和黑胡椒粉調味。最後加入芫荽，加熱至沸騰，然後蓋上鍋蓋燜至細麵條變軟。

5 在預熱過的湯碗中撒上切碎的新鮮芫荽，旁邊單獨佐以巴馬乾酪粉，即可上桌。

蕃茄微辣湯 _Lightly Spiced Tomato Soup_

這道蕃茄湯做法簡易，您將很快發現它將成為您的最愛。

材料（4人份）

玉米或花生油	1大匙
洋蔥（切碎）	1個
蕃茄（去皮去籽切塊）	900克
雞湯	2杯
新鮮的芫荽	2大枝
鹽和新鮮研磨的黑胡椒粉	
研磨顆粒較大的黑胡椒（佐餐用）	

1 在大湯鍋中先將油加熱，放入洋蔥，煎5分鐘左右，直至洋蔥變軟、變透明，但不能燒焦。期間注意須不時翻動。

2 在鍋中加入蕃茄、雞湯和芫荽，加熱至沸騰。然後將火關小，蓋上鍋蓋用小火燜15分鐘左右，直至蕃茄變軟。

3 撈出芫荽，用篩網過濾再倒回洗過的湯鍋，添加調味料並充分加熱。最後再撒上大顆粒的黑胡椒，即可食用。

青花菜麵包湯 _Broccoli and Bread Soup_

羅馬盛產青花菜，在這道湯品中，青花菜與蒜香烤麵包組合成了誘人美味。

材料（6人份）

青花菜	675克
雞汁或蔬菜高湯	$7\frac{1}{2}$杯
檸檬汁	1大匙
鹽和新鮮研磨的黑胡椒粉	

裝飾配菜

白麵包	6片
大蒜（從中間剖開）	1大瓣
磨碎的巴馬乾酪粉（自選）	

1 用鋒利的小刀將青花菜莖上的皮從底部慢慢向上撕去（表皮應該較容易去掉），然後將青花菜切成小塊。

2 在大湯鍋中將高湯煮滾，加入青花菜，加熱10分鐘左右直至青花菜變軟。

3 將一半的湯攪打成糊狀，再與剩下的一半混合。依口味添加鹽、黑胡椒粉和檸檬汁。

4 將湯重新加熱。將麵包放在烤箱中烤脆，同時用大蒜塗抹表面，然後切丁。在每個湯盤的盤底放置3到4塊烤麵包片。用長柄勺盛湯澆在麵包片上，即可食用。可以隨喜愛佐以巴馬乾酪粉。

蕃茄麵包湯 _Tomato and Bread Soup_

這道來自佛羅倫斯的製湯配方可以巧妙地處理掉不新鮮的麵包。可以使用熟透的新鮮義大利梅形蕃茄，也可以使用這種品種的罐裝蕃茄。

材料（4人份）

橄欖油	6大匙
小乾紅辣椒（碾碎，自選）	
麵包（非現烤的，切成2.5公分大小的塊狀）	$1\frac{1}{2}$杯
中等大小的洋蔥（切碎）	
大蒜（切碎）	2瓣
成熟的蕃茄675克（去皮後切塊），或400克裝去皮的罐頭義大利梅形蕃茄2罐（切塊）	
新鮮羅勒葉	3大匙
清淡的肉高湯或純水，或使用兩者的混合物	$6\frac{1}{4}$杯
鹽和新鮮研磨的黑胡椒粉	
特級初榨橄欖油（佐餐用）	

1 在大湯鍋中將4大匙橄欖油加熱，加入紅辣椒（可不用），翻炒1到2分鐘。放入麵包塊，煎至呈現金黃色。然後取出放於盤中，在吸油紙上吸乾多餘油份。

2 放入剩下的橄欖油、洋蔥和大蒜，加熱至洋蔥變軟。然後倒入蕃茄、羅勒葉和麵包塊。加鹽並在小火上加熱約15分鐘，注意要不時攪拌。

3 同時將高湯或純水加熱至沸騰，倒入蕃茄鍋中攪拌，再次加熱至沸騰。將火稍微關小，燜20分鐘左右。

4 將湯鍋從火爐取下，用叉子將蕃茄和麵包攪拌均勻。最後撒上黑胡椒粉，如有需要可再加一點鹽，然後靜置10分鐘即可。如果喜歡可在上桌前澆上少許特級初榨橄欖油。

蒜香小扁豆湯 *Garlicky Lentil Soup*

小扁豆富含纖維，用來煮湯十分可口。而且小扁豆在料理前並不像其他豆類一樣需要浸泡。

材料 (6人份)

紅色小扁豆 (清洗後瀝乾)	1杯
洋蔥 (切碎)	2個
大蒜 (切碎)	2瓣
胡蘿蔔 (切碎)	1個
橄欖油	2大匙
月桂葉	2片
乾墨角蘭或牛至草	
蔬菜高湯	6¼杯
紅酒醋	2大匙
鹽和新鮮研磨地黑胡椒	
芹菜葉 (裝飾用)	
脆皮麵包卷 (佐餐用)	

❶ 將除了醋以外的所有材料、調味料和裝飾配菜倒入一口較大、鍋底較重的湯鍋中，用中火加熱至沸騰，然後將火關小，燜1小時30分鐘，期間須不時攪拌，以免小扁豆黏在鍋底。

❷ 撈出月桂葉，加入紅酒醋、適量的鹽和黑胡椒粉。如果過於濃稠，可用少許蔬菜高湯或水稀釋。將湯盛入預熱過的湯碗中，飾以芹菜葉，旁邊單獨佐以脆皮麵包卷即可。

烹飪小提示

如果您購買的是散裝的扁豆，清洗前要注意先將扁豆倒進篩子中，篩去沙粒。

小扁豆辣湯 *Spiced Lentil Soup*

胡荽、小茴香和紅辣椒粉為這道胡蘿蔔湯帶來了獨特的風味。

材料（6人份）	
洋蔥（切碎）	2個
大蒜（切碎）	2瓣
蕃茄（切塊）	4個
磨碎的薑黃	$\frac{1}{2}$小匙
研磨後的小茴香子	1小匙
小豆蔻莢	6個
肉桂枝	$\frac{1}{2}$個
紅色小扁豆（清洗後瀝乾）	1杯
純水	$3\frac{3}{4}$杯
罐裝椰奶	400克
萊姆汁	1大匙
鹽和新鮮研磨的黑胡椒粉	
小茴香子（裝飾用）	

① 將洋蔥、大蒜、蕃茄、薑黃、小茴香子、小豆蔻莢、肉桂枝、小扁豆和水一同倒入湯鍋中，加熱至沸騰。然後將火關小，蓋上鍋蓋燜20分鐘左右直至小扁豆變軟。

② 撈出小豆蔻莢和肉桂枝，然後在攪拌機或食品加工器中將鍋中材料攪打成均勻糊狀。用篩子過濾一遍，然後倒回洗淨後的湯鍋內。

③ 留下少許椰子汁做為裝飾。將剩下的椰子汁與萊姆汁一起倒入鍋中，充分攪拌後添加鹽和黑胡椒粉，再次用小火加熱，但不要煮滾。在湯中用留下的椰子汁做出裝飾花紋，再飾以小茴香子，即可食用。

素 南印度胡椒湯 South Indian Pepper Water

在寒冷冬夜裡，南印度胡椒湯的溫暖和爽滑，更容易打動您的心，其中添加了各種不同的辛辣香料，如果您想喝更溫熱的湯，只要在享用前重新加熱即可。檸檬汁的用量可隨個人口味調整，但這道湯須有酸味才美味。

材料（2～4人份）

材料	份量
蔬菜油	2大匙
新鮮研磨的黑胡椒粉	$\frac{1}{2}$小匙
小茴香子	1小匙
芥菜籽	$\frac{1}{2}$小匙
阿魏	$\frac{1}{4}$小匙
完整的乾紅辣椒	2個
咖哩葉	4至6片
磨碎的薑黃	$\frac{1}{2}$小匙
大蒜（切碎）	2瓣
蕃茄汁	$1\frac{1}{4}$杯
檸檬（榨汁）	2個
純水	$\frac{1}{2}$杯
鹽	
新鮮的芫荽葉（切碎，裝飾用）	

❶ 在大的煎鍋中先將蔬菜油加熱，再把香料植物和大蒜煎至乾辣椒變成黑色，大蒜須煎成其呈現金黃色。

❷ 將火關小後加入蕃茄汁、檸檬汁、水和鹽。加熱至沸騰，然後繼續加熱10分鐘。最後再飾以切碎的芫荽葉即可。

烹飪小提示

阿魏（Asafetida Powder）是一種氣味辛辣的粉末，在印度的蔬菜料理中被用於增加香味。在加熱之前阿魏會散發出一種不好聞的味道，但加入菜中後，這種味道就會立刻消失。

素 花生辣湯 *Spicy Peanut Soup*

這道湯在濃滑溫暖中，散發著紅辣椒和花生的獨特香味

材料（6人份）

油	2大匙
大洋蔥（切碎）	1個
大蒜（切碎）	2瓣
辣椒粉	1小匙
紅辣椒（去籽切碎）	2個
胡蘿蔔（切碎）	225克
馬鈴薯（切碎）	225克
芹菜稈（切片）	3根
蔬菜高湯	$3\frac{3}{4}$杯
鬆軟的花生醬	6大匙
甜玉米	$\frac{2}{3}$杯
鹽和新鮮研磨的黑胡椒粉	
微微搗碎過的無鹽烤花生（裝飾用）	

① 在大湯鍋中先將醬油加熱，加入洋蔥和大蒜，煎3分鐘左右。再加入辣椒粉，繼續加熱1分鐘。

② 加入紅辣椒、胡蘿蔔、馬鈴薯和芹菜後繼續加熱4分鐘，期間要不時攪拌。

③ 先加入蔬菜高湯，接著加入花生醬和甜玉米，攪拌至混合均勻。

④ 添加調味料，加熱至沸騰，然後加蓋燜20分鐘左右，直至所有蔬菜都變軟。如有必要可再添加適量調味料，最後撒上烤花生，即可食用。

玉米蟹肉湯 *Corn and Crabmeat Soup*

這道湯很容易製作，最主要受到歡迎是來自於中國的家庭式餐廳。為了達到濃稠的效果，一定要使用奶油甜玉米。

材料（4人份）

蟹肉	115克
新薑（切末）	$\frac{1}{2}$小匙
牛奶	2大匙
玉米粉	1大匙
蛋白	2個
蔬菜高湯	$2\frac{1}{2}$杯
罐裝奶油甜玉米	225克
鹽和新鮮研磨的黑胡椒粉	
切碎的小蔥（裝飾用）	

3 在圓底鍋或湯鍋中將蔬菜高湯加熱至沸騰，然後加入奶油甜玉米，再次煮滾。

4 倒入蟹肉和蛋白的混合物，依口味添加調味料，攪拌均勻。最後撒上蔥花，即可食用。

1 將蟹肉切成薄片，與薑末在碗中混合。在另一個碗中，將牛奶和玉米粉混合均勻。

2 將蛋白攪打成泡沫，加入牛奶和玉米粉的混合物，再次攪打均勻。然後加入蟹肉。

參考做法

如果您喜歡，可將蟹肉換成切塊的雞胸肉。

雲吞湯 *Won-Ton Soup*

在中國，雲吞湯是被做為零食或點心來食用，並非正式宴會中的湯菜。

材料（4人份）

豬絞肉	175克
去殼的對蝦（切成碎塊）	50克
紅糖	1小匙
米酒或乾雪利酒	1大匙
醬油	1大匙
切成碎末的蔥	1小匙
切成細末的鮮薑	1小匙
雲吞皮	24張
高湯	3杯
醬油	1大匙
切成碎末的小蔥（裝飾用）	

① 在碗中將豬絞肉、蝦肉末、糖、米酒或雪利酒、醬油、蔥花和鮮薑末混合均勻，醃製25到30分鐘左右。

② 在每張雲吞皮中央放大約1小匙肉餡。

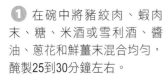

③ 將裝了肉餡的雲吞皮邊緣用少量水沾濕，以手指捏緊。每個雲吞都要這樣折疊起來。

④ 煮雲吞時，先在圓底鍋中將高湯煮滾，再倒入雲吞，煮4到5分鐘。最後倒入醬油、撒上蔥花。

⑤ 盛入碗中，即可食用。

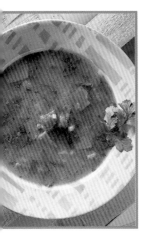

活力精湯

HEARTY LUNCH & SUPPER SOUPS

冬日蔬菜湯 *Winter Vegetable Soup*

這道豐盛而富含營養的湯品中包含了至少8種蔬菜。

材料（8人份）

中等大小的皺葉甘藍（切成四等分，去芯）	1棵
玉米油	2大匙
胡蘿蔔（切成薄片）	4棵
芹菜稈（切成薄片）	2根
歐洲防風草（切丁）	2棵
雞湯	6¼杯
中等大小的馬鈴薯	3個
西葫蘆（切片）	2個
小紅辣椒（去籽切丁）	1個
小朵的的花椰菜	2杯
蕃茄（去籽切丁）	2個
新鮮的百里香½小匙或乾百里香¼小匙	
切碎的新鮮巴西利	2大匙
鹽和新鮮研磨的黑胡椒粉	

❶ 用鋒利的刀沿著葉子將甘藍切成細條。

❷ 在大湯鍋中將油加熱，加入橄欖、胡蘿蔔、芹菜和歐洲防風草，用中火翻炒10到15分鐘左右。

❸ 將高湯倒入鍋中，加熱至沸騰。撈去表面上的泡沫。

❹ 加入馬鈴薯、西葫蘆、辣椒、花椰菜、馬鈴薯和香料植物及調味料，再次煮滾。然後將火關至小火，蓋上鍋蓋，燜15到20分鐘左右，直至蔬菜變軟，即可食用。

香料什錦蔬菜湯 *Vegetable and Herb Chowder*

新鮮蔬菜與各種香料組合在一起，為您獻上一道美味的午餐湯品。

材料（4人份）

奶油	2大匙
洋蔥（切碎）	1個
青蒜（切成薄片）	1棵
芹菜（切丁）	1根
黃椒或青椒（去籽切丁）	1個
切碎的新鮮巴西利	2大匙
中筋麵粉	1大匙
蔬菜高湯	5杯
馬鈴薯（切丁）	350克
新鮮百里香，或乾百里香	$\frac{1}{2}$小匙
月桂葉	1片
嫩四季豆（沿斜面切成薄片）	1杯
牛奶	$\frac{1}{2}$杯
鹽和新鮮研磨的黑胡椒粉	

① 在一口鍋底較重的湯鍋或耐熱的砂鍋中將奶油融化，再加入洋蔥、青蒜、芹菜、黃椒或青椒、巴西利。蓋上鍋蓋用小火加熱直至蔬菜變軟。

② 加入麵粉均勻攪拌，再慢慢倒入高湯並持續攪拌動作。然後加熱至沸騰，注意期間要不時攪拌。

③ 放入馬鈴薯、百里香和月桂葉，不蓋鍋蓋並且加熱10分鐘左右。

④ 放入四季豆，加熱10到15分鐘，至所有蔬菜都變軟。

⑤ 倒入牛奶攪拌，並添加鹽和黑胡椒粉調味，充分加熱後，撈出百里香和月桂葉，即可上桌。

素 蔬菜椰子湯 *Vegetable Soup with Coconut*

椰子為這道精緻的蔬菜湯帶來了特別的風味。

材料（4人份）

奶油或乳瑪琳	2大匙
紅色洋蔥（切碎）	$\frac{1}{2}$個
蘿蔔、甜馬鈴薯和南瓜（切丁）	各175克
乾墨角蘭	1小匙
薑粉	$\frac{1}{2}$小匙
肉桂粉	$\frac{1}{4}$小匙
蔥	1大匙
精製蔬菜高湯	4杯
切成片的杏仁	2大匙
新鮮紅辣椒（去籽後切碎）	1個
糖	1小匙
椰油	25克
鹽和新鮮研磨的黑胡椒粉	
切碎的新鮮芫荽（裝飾用）	

① 在一口鍋底較重的不沾鍋中將奶油或乳瑪琳加熱融化，倒入洋蔥，煎4到5分鐘。然後加入蔬菜丁，煎3到4分鐘。

② 加入墨角蘭、薑、肉桂粉、蔥、鹽和胡椒，用小火加熱，翻炒10分鐘左右。

③ 加入蔬菜高湯、杏仁片、紅辣椒和糖，充分攪拌。蓋上鍋蓋，用小火燜10到15分鐘，直至蔬菜開始變軟。

④ 將椰油磨碎，倒入鍋中並攪拌均勻。盛入預熱過的湯碗中，若喜歡可撒上碎芫荽。

蠶豆燴飯 *Fava Bean and Rice Soup*

這道濃稠的燴飯將正合時宜的新鮮蠶豆美味展現到了極致。在其他時候，用凍豆子當材料也能達到不錯的效果。

材料（4人份）

帶豆莢的蠶豆1000克，或去殼的凍蠶豆400克（解凍）	
橄欖油	6大匙
中等大小的洋蔥（切碎）	1個
中等大小的蕃茄（去皮後切碎）	2個
義大利Arborio米或其他外硬內軟的米	1杯
奶油	2大匙
開水	4杯
鹽和新鮮研磨的黑胡椒粉	
磨碎的巴馬乾酪粉（自選）	

① 在鍋中將水煮滾，把蠶豆稍微燙過，根據材料是新鮮蠶豆還是凍豆，時間大約在3到4分鐘之間。如果使用的是新鮮蠶豆，需把皮去掉。

② 在大湯鍋中把油加熱，放入洋蔥，用小至中火加熱直至洋蔥變軟。放入蠶豆，翻炒5分鐘左右，直至蠶豆表面均勻裹上一層油。

③ 加入鹽和黑胡椒粉，接著放入蕃茄，繼續加熱至少5分鐘，期間注意須不時攪拌。再加入大米，翻炒1到2分鐘。

④ 加入奶油，翻炒至完全融化。然後分數次慢慢將滾水倒入，依口味添加調味料。繼續加熱直至大米變軟，最後撒上巴馬乾酪粉，即可食用。

素 新鮮蕃茄豆子湯 *Fresh Tomato and Bean Soup*

這是一道混合著豆子和芫荽的濃稠蕃茄湯。享用時佐以橄欖義大利拖鞋麵包，風味最佳。

材料（4人份）

成熟的義大利梅形蕃茄	900克
橄欖油	2大匙
洋蔥（切塊）	275克
大蒜（切碎）	2瓣
蔬菜高湯	3¾杯
乾蕃茄醬	2大匙
辣椒粉	2小匙
玉米粉	1大匙
罐裝克奶利尼豆（清洗後瀝乾）	
	425克
切碎的新鮮芫荽	2大匙
鹽和新鮮研磨的黑胡椒粉	
橄欖義大利拖鞋麵包	

❶ 去掉蕃茄的皮：用一把鋒利的刀在每個蕃茄的頂部劃出一個小十字。將劃好的蕃茄放在一個碗中，澆上滾燙的開水，蓋上碗蓋靜置30到60秒。

❷ 將蕃茄瀝乾，不燙手以後去皮，每個蕃茄切成四等分，然後再將每塊對半切開。

❸ 在大湯鍋中將油加熱，放入洋蔥和大蒜煎3分鐘，直至蔬菜變軟。

❹ 放入蕃茄，再倒入高湯、乾蕃茄醬和辣椒粉並攪拌。添加少許鹽和黑胡椒粉，加熱至沸騰後，再繼續加熱10分鐘。

❺ 用2大匙的水將玉米粉調成糊狀，與克奶利尼豆一同倒入湯鍋攪拌。繼續加熱5分鐘。

❻ 可依口味需要再添加一些調味料，最後撒上切碎的芫荽，佐以橄欖義大利拖鞋麵包，即可上桌。

椰菜豆粒茴香子湯 *Cauliflower, Flageolet and Fennel Seed Soup*

茴香子略甜且夾帶著茴香與甘草芬芳的香味，為這道湯帶來了特別的感覺。

材料（4～6人份）

橄欖油	1大匙
大蒜（切碎）	1瓣
洋蔥（切碎）	1個
茴香子	2小匙
白花椰菜（切成小朵）	1棵
400克裝罐裝哨笛豆（flageolet beans）（瀝乾後用清水洗淨）	2罐
蔬菜高湯或水	5杯
鹽和新鮮研磨的黑胡椒粉	
切碎的新鮮巴西利（裝飾用）	
烤法國麵包片（佐餐用）	

❸ 加熱至沸騰，將火關小，繼續加熱10分鐘左右，直至白花椰菜變軟。倒入攪拌機或食品加工器，攪打成均勻糊狀。

❹ 倒入剩下的一半豆子，並添加調味料。再次加熱後盛入碗中，撒上切碎的巴西利，搭配烤法國麵包片，即可上桌。

❶ 將橄欖油加熱後，放入大蒜、洋蔥和茴香子，煎5分鐘左右直至材料變軟。

❷ 放入白花椰菜、一半的哨笛豆和蔬菜高湯或水。

甜菜根利馬豆湯 *Beet and Lima Bean Soup*

這道湯是羅宋湯的簡化版，能在短時間內做好。食用前舀上一勺酸奶油，並撒上一些切碎的新鮮巴西利即可。

材料（4人份）

蔬菜油	2大匙
中等大小的洋蔥（切片）	1個
葛縷子籽	1小匙
橙皮（磨碎）	半個
煮熟的甜菜根（磨碎）	250克
rassol或牛肉高湯（見烹飪小提示）	5杯
罐裝利馬豆（瀝乾後用清水洗淨）	400克
酒醋	1大匙
酸奶油	4大匙
切碎的新鮮巴西利（裝飾用）	4大匙

烹飪小提示

Rassol是種甜菜根高湯，用在菜肴中以添加強烈的甜菜根顏色和味道。通常可以在Kosher食品商店購買到。

① 在大湯鍋中將油加熱後，放入洋蔥、葛縷子籽和橙皮，煎至變軟。

② 加入甜菜根、高湯或rassol、利馬豆和醋，用小火加熱10分鐘。

③ 將湯盛入4只湯碗中，在每碗中加入1勺酸奶油，並撒上切碎的巴西利，即可食用。

辣豆湯 *Spicy Bean Soup*

這是一道夾帶著小茴香氣味，用兩種豆子混合製成的湯品，食材很豐富。

材料（6～8人份）

乾黑豆（須浸泡一夜，瀝乾）	1杯
乾菜豆（須浸泡一夜，瀝乾）	1杯
月桂葉	2片
橄欖油或蔬菜油	2大匙
胡蘿蔔（切塊）	3個
洋蔥（切塊）	1個
芹菜稈（切塊）	1根
大蒜（切碎）	1瓣
小茴香子粉	1小匙
辣椒粉	$\frac{1}{4}$至$\frac{1}{2}$小匙
乾牛至草	$\frac{1}{2}$小匙
紅酒	$\frac{1}{4}$杯
牛肉高湯	5杯
純水	1杯
鹽和新鮮研磨的黑胡椒粉	

裝飾配菜

酸奶油

切碎的新鮮芫荽

3 在一口耐熱的砂鍋中將油加熱，放入胡蘿蔔、洋蔥、芹菜和大蒜，用小火加熱8到10分鐘，期間要不時攪拌，直至材料變軟。然後倒入小茴香子粉、辣椒粉、牛至草和鹽，並且攪拌。

4 加入紅酒、高湯和純水，將所有的材料攪拌在一起。將月桂葉從煮熟的豆子中取出，將豆子倒入砂鍋中。

5 加熱至沸騰，然後將火關小，蓋上鍋蓋燜20分鐘。注意須偶爾攪動。

6 將一半的湯（包括大部分的固體材料）倒入攪拌機食品或加工器中，打成糊狀，再倒回鍋中，與剩下的湯均勻攪拌。

7 將湯再次加熱，依口味調整調味料的用量，飾以酸奶油和切碎的芫荽，即可食用。

1 將黑豆和菜豆分別放在兩口平底鍋中，倒入冷水淹沒豆子，並在每口鍋中放入一片月桂葉，用大火煮10分鐘，然後蓋上鍋蓋燜20分鐘。

2 將火轉小，繼續加熱1小時，直至豆子變軟。再撈出瀝乾。

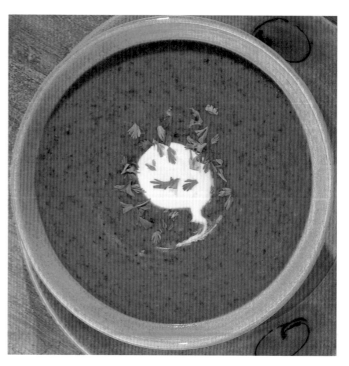

黑白豆子湯 *Black and White Bean Soup*

儘管這道湯製作起來較費時間，但最後的成果一定會讓您愛不釋手，覺得一切努力都是值得的。

材料（8人份）

乾黑豆（須浸泡一夜，瀝乾）	2杯
純水	$10\frac{1}{2}$杯
大蒜（切碎）	6瓣
乾白豆（須浸泡一夜，瀝乾）	2杯
葡萄酒醋	6大匙
墨西哥辣椒（去籽後切塊）	4個
蔥（切成碎末）	6棵
萊姆（榨汁）	1個
橄欖油	$\frac{1}{4}$杯
切碎的新鮮芫荽（多備一些裝飾用）	$\frac{1}{4}$杯
鹽和新鮮研磨的黑胡椒粉	

① 將黑豆和一半的水與大蒜放入大湯鍋中，加熱至沸騰。然後將火關小，蓋上鍋蓋燜約1小時30分鐘，直至豆子變軟。

② 同時將白豆子與剩下的水和大蒜放入另一口湯鍋中，加熱至沸騰。將火關小，蓋上鍋蓋燜約1小時，直至豆子變軟。

③ 將白豆在食品加工器或攪拌機中攪打成糊狀，加入葡萄紅醋、墨西哥辣椒和一半的蔥，再倒回湯鍋，用小火重新加熱。

④ 將黑豆子在食品加工器或攪拌機中攪打成糊狀，加入萊姆汁、橄欖油、芫荽和剩餘的蔥。再倒回鍋中重新加熱。

⑤ 在兩口鍋中加入鹽和黑胡椒粉。上桌前，在兩種湯中各盛一勺並排倒入湯碗中，再用竹籤將兩種湯攪在一起。飾以新鮮芫荽，即可食用。

素 蔬菜蒜泥濃湯 *Pistou*

這道湯品來自法國南部的尼斯，享用時配上乾香蒜醬和新鮮的乾酪粉會更美味。

材料（4人份）

西葫蘆（切丁）	1個
小馬鈴薯（切丁）	1個
青蔥（切塊）	1棵
胡蘿蔔（切丁）	1個
罐裝的蕃茄塊	225克
蔬菜高湯	5杯
法國四季豆（切成段長1公分）	50克
冷凍青豌豆	$\frac{1}{2}$ 杯
義大利麵團	$\frac{1}{2}$ 杯
自製或現成的青醬	4至6大匙
乾蕃茄醬	1大匙
鹽和新鮮研磨的黑胡椒粉	
磨碎的巴馬乾酪粉（佐餐用）	

① 將西葫蘆、馬鈴薯、青蔥、胡蘿蔔和蕃茄放入大平底鍋中，加入蔬菜高湯、鹽和黑胡椒粉。加熱至沸騰，然後蓋上鍋蓋燜20分鐘。

② 加入法國四季豆、青豌豆和義大利麵團，繼續加熱10分鐘，直至義大利麵團變軟。

③ 依口味添加調味料的用量。將湯盛入各自的湯碗中，將青醬和乾蕃茄醬混合均勻，向每個湯碗中舀一勺。

④ 配上一碗乾酪粉，以便在各自碗中撒一些乾酪。

白豆什錦蔬菜濃湯 *Ribollita*

Ribollita是一種白豆什錦蔬菜濃湯，類似一種源於義大利，用多種蔬菜、麵團及香料製成的蔬菜濃湯。但是ribollita使用的是白豆，不是麵團。在義大利，習慣將湯澆在麵包和綠色蔬菜上，但如果您喜歡口味清淡一點，可以省略這一步驟。

材料（6～8人份）

橄欖油	3大匙
洋蔥（切塊）	2個
胡蘿蔔（切片）	2個
大蒜（切碎）	4個
芹菜（切成薄片）	2根
茴香球莖（切碎）	1個
節瓜（切成薄片）	2個
罐裝塊狀蕃茄	400克
自製或即食香蒜醬	2大匙
蔬菜高湯	$3\frac{3}{4}$杯
罐裝扁豆（瀝乾）	400克
鹽和新鮮研磨的黑胡椒粉	

佐餐配菜

嫩菠菜	450克
特級初榨橄欖油（多備一點最後撒在湯中）	1大匙
白麵包	6至8片
巴馬乾酪（刨片，自選）	

❶ 在大湯鍋中先將油加熱，再放入洋蔥、大蒜、芹菜和茴香，翻炒10分鐘。然後放入節瓜，繼續翻炒2分鐘。

❷ 倒入蕃茄塊、香蒜醬、高湯和豆子，加熱至沸騰。將火關小，蓋上鍋蓋用小火燜25到30分鐘，直至所有蔬菜變軟。再依口味添加鹽和黑胡椒粉。

❸ 將菠菜在油中翻炒2分鐘至變軟後，盛放在湯碗中的麵包上，然後用長柄勺盛湯澆在菠菜上。上桌時配上一些橄欖油和巴馬乾酪粉，若喜歡也可以撒在湯裡。

大蕉玉米湯 *Plantain and Corn Soup*

玉米和大蕉的甜味被辣椒所抵消，產生了一種奇妙的味道。

材料（4人份）

奶油或乳瑪琳	2大匙
洋蔥（切碎）	1個
大蒜（切碎）	1瓣
黃色大蕉（去皮切片）	275克
大蕃茄（去皮切塊）	1個
玉米粒	1杯
乾龍蒿（切碎）	1小匙
蔬菜或雞湯	3¾杯
新鮮青椒（去籽切碎）	1個
肉豆蔻粉	
鹽和新鮮研磨的黑胡椒粉	

1 在湯鍋中將奶油或乳瑪琳用中火融化，再加入洋蔥和大蒜，翻炒幾分鐘直至洋蔥變軟。

2 放入大蕉、蕃茄和甜玉米粒，繼續加熱5分鐘。

3 放入龍蒿、高湯、青椒、鹽和新鮮研磨的黑胡椒粉，然後加熱10分鐘，直至大蕉變軟。最後添加肉豆蔻粉並攪拌，即可食用。

素 落花生湯 *Groundnut Soup*

在非洲料理中，落花生（花生）被廣泛用來製作成醬。您可以在食品商店購買花生糊，它能夠使湯體變得特別濃稠。但是如果您喜歡的話，也可以用花生醬代替。

材料（4人份）

花生糊或花生醬	3大匙
高湯或水	6¼杯
蕃茄醬	2大匙
洋蔥（切碎）	1個
鮮薑	2片
乾百里香	¼小匙
月桂葉	1片
辣椒粉	
山藥（切丁）	225克
小秋葵（自選）	10個
鹽	

1 將花生糊或花生醬倒入碗中，加入1¼杯高湯或水和蕃茄醬，均勻混合。

2 將混合物盛入湯鍋中，加入洋蔥、鮮薑、百里香、月桂葉、辣椒粉、鹽和剩下的高湯。

3 用小火加熱直至沸騰，然後煮1小時，期間要不時攪拌，防止花生糊結塊。

4 加入山藥，繼續加熱10分鐘，然後放入秋葵（如果有使用的話），煮至兩種蔬菜都變軟後，即可趁熱上桌。

素 義大利芝麻菜馬鈴薯湯 *Italian Arugula and Potato Soup*

這道豐盛而營養的湯品是由一種傳統義大利農家配方所衍生而來的。如果市面上沒有芝麻菜出售，可以用豆瓣菜或嫩菠菜的葉子代替，也能達到一樣好的效果。

材料（4人份）

新鮮馬鈴薯	900克
精製蔬菜高湯	3¾杯
中等大小的胡蘿蔔	1個
芝麻菜	115克
卡宴辣椒粉	½小匙
義大利拖鞋麵包（非新鮮的，切塊）	½條
大蒜（切薄片）	4瓣
橄欖油	4大匙
鹽和新鮮研磨的黑胡椒粉	

❸ 加入卡宴辣椒粉，並依口味添加適量鹽和胡椒粉，然後倒入麵包片。將鍋子從火爐上拿下，加蓋靜置10分鐘左右。

❹ 同時，在橄欖油中將大蒜煎至呈現深金黃色。將湯盛入各自湯碗中，加入少許煎大蒜，即可食用。

❶ 將馬鈴薯切丁，然後與高湯一起倒入湯鍋中，加入少許鹽，加熱至沸騰後，再煮10分鐘。

❷ 將胡蘿蔔切丁，倒入湯鍋中，然後將芝麻菜葉撕碎，也放入其中，繼續加熱15分鐘，直至蔬菜變軟。

捷克湯糰魚湯 *Czech Fish Soup with Dumplings*

幾乎您所能採購到的魚類都可以在這道捷克風味的湯品中派上用場，例如河鱸、鯰魚、鱈魚或笛鯛。湯糰的材料可以選用粗小麥粉或麵粉，兩者效果差不多。

材料（4～8人份）

去掉肉皮的培根（切成小方塊）	3片
各種新鮮魚肉（去皮去骨並切成方塊）	675克
辣椒粉（多備一些裝飾用）	1大匙
魚高湯或水	$6\frac{1}{4}$杯
硬蕃茄（去皮切碎）	3個
馬鈴薯（去皮磨碎）	4個
切碎的新鮮墨角蘭（多備一些裝飾用）	1至2小匙

湯糰材料

粗小麥粉或中筋麵粉	$\frac{1}{2}$杯
雞蛋（打勻）	1顆
牛奶或水	3大匙
鹽	
切碎的新鮮巴西利	1大匙

① 在大的平底鍋中，不加油，將培根煎至稍微呈金黃色，然後加入魚肉，煎1到2分鐘，小心不要將魚肉弄散。

② 撒上辣椒粉，再倒入魚高湯或水，加熱至沸騰，然後煮10分鐘。

③ 加入蕃茄、磨碎的馬鈴薯和墨角蘭並攪拌，煮10分鐘左右，注意要適時攪拌。

④ 同時開始製作湯糰。將湯糰的材料攪拌均勻，用乾淨的薄膜覆蓋，靜置5到10分鐘。

⑤ 用勺子將麵團舀入湯中，煮10分鐘。最後撒上少許墨角蘭和辣椒粉，即可食用。

黃肉湯 *Yellow Broth*

這裡介紹的這道湯品是北愛爾蘭湯品眾多版本中的其中一個。加入燕麥片，讓湯體變得濃稠，也帶來了特殊的香味。

材料（4人份）

材料	份量
奶油	2大匙
洋蔥（切碎）	1個
芹菜（切碎）	1根
胡蘿蔔（切碎）	1個
中筋麵粉	$\frac{1}{4}$杯
雞湯	$3\frac{3}{4}$杯
燕麥片	$\frac{1}{4}$杯
菠菜（切碎）	115克
鮮奶油	2大匙
鹽和新鮮研磨的黑胡椒粉	
切碎的巴西利（裝飾用）	

❶ 在湯鍋中將奶油溶化，再放入洋蔥、芹菜和胡蘿蔔，煎2分鐘左右，直至洋蔥變軟。

❷ 倒入麵粉並攪拌，用小火再煮1分鐘，並不時攪拌。接著倒入雞湯，加熱至沸騰，然後蓋上鍋蓋，將火關小，煮30分鐘，直至蔬菜變軟。

❸ 放入燕麥片和切碎的菠菜，加熱15分鐘，注意須偶爾攪拌。倒入鮮奶油和調味料並攪拌，如果選用了新鮮巴西利，可撒上少許，即可食用。

豌豆南瓜湯 *Split Pea and Pumpkin Soup*

新鮮蔬菜與各種香料組合在一起，為您獻上一道美味的午餐湯品。

材料（4人份）

豌豆	1杯
水	5杯
奶油	2大匙
洋蔥（切碎）	1個
南瓜（切碎）	225克
蕃茄（去皮切碎）	3個
乾龍蒿	1小匙
切碎的新鮮芫荽	1大匙
小茴香籽	$\frac{1}{2}$小匙
蔬菜高湯塊（弄碎）	1個
紅辣椒粉	
調味用新鮮的芫荽（裝飾用）	

❶ 用清水淹沒過豌豆，並且浸泡一夜，然後瀝乾。倒入大湯鍋中，加入適量純水，煮30分鐘左右，直至豌豆變軟。

❷ 在另一鍋中把奶油加熱融化，然後將洋蔥煎至變軟，但不要燒焦。

❸ 放入南瓜、蕃茄、龍蒿、芫荽、小茴香、蔬菜高湯塊和紅辣椒粉，大火加熱至沸騰。

❹ 將蔬菜倒入煮豌豆的湯鍋中，攪拌均勻，用小火加熱20分鐘左右，直至蔬菜變軟。如果過於濃稠，可加入13杯的水。飾以若干枝芫荽，即可食用。

素 綠色小扁豆湯 *Green Lentil soup*

小扁豆湯是地中海東部的一道經典湯菜，在不同的地區味道會稍有不同。本書介紹的這個版本，將綠色小扁豆替換成紅色小扁豆或法國普依扁豆，都可以達到一樣好的效果。

材料（4～6人份）

綠色小扁豆	1杯
橄欖油	5大匙
洋蔥（切碎）	3個
大蒜（切成薄片）	2瓣
小茴香子（磨碎）	2小匙
薑黃粉	$\frac{1}{4}$小匙
蔬菜高湯	$2\frac{1}{2}$杯
純水	$2\frac{1}{2}$杯
鹽和新鮮研磨的黑胡椒粉	
切成長段的新鮮芫荽（裝飾用）	2大匙
熱脆皮麵包（佐餐用）	

① 將小扁豆倒入湯鍋中，加入冷水，冷水位置要完全淹沒豆粒，加熱至沸騰，須劇烈沸騰10分鐘，再撈出瀝乾。

② 將2大匙的油在平底鍋中加熱，放入2個洋蔥、大蒜、小茴香和薑黃粉，翻炒3分鐘。再放入小扁豆、高湯和水，加熱至沸騰。然後將火關小，直至小扁豆變軟。

③ 將剩下的油在鍋中加熱，放入剩下的1個洋蔥，煎至呈現金黃色。注意須不時翻炒。

④ 用馬鈴薯搗碎器將小扁豆輕微磨碎，這樣可以讓湯顯得多汁。稍微加熱，依口味添加鹽和黑胡椒粉。

⑤ 將湯盛入碗中，放入新鮮芫荽、煎洋蔥並攪拌，在湯的表面撒上少許新鮮芫荽和洋蔥，佐以熱的脆皮麵包，即可食用。

烹飪小提示

小扁豆在烹煮前不需先浸泡。

迷迭香小扁豆湯 *Lentil Soup with Rosemary*

經典的義大利田園風味湯品，香味中還夾帶著迷迭香的芬芳。佐以蒜香麵包，鮮美無比。

材料（4人份）

材料	份量
小扁豆	1杯
特級初榨橄欖油	3大匙
去掉肉皮並夾雜肥肉的培根（切丁）	3片
洋蔥（切碎）	1個
芹菜稈（切碎）	2根
胡蘿蔔（切碎）	2個
新鮮迷迭香（切碎）	2枝
月桂葉	2片
罐裝義大利梅形蕃茄	400克
蔬菜高湯	$7\frac{1}{2}$杯
鹽和新鮮研磨的黑胡椒粉	
新鮮的月桂葉和新鮮迷迭香（裝飾用）	

❶ 將小扁豆放在碗中，加入冷水浸泡至少2小時，洗乾淨後瀝乾。

❷ 在湯鍋中將油加熱後，放入培根，煎3分鐘，放入洋蔥，翻炒5分鐘，至洋蔥變軟。加入芹菜、胡蘿蔔、迷迭香、月桂葉和小扁豆，攪拌1分鐘，直至材料表面都裹上一層油。

❸ 倒入蕃茄和高湯，加熱至沸騰，然後將火關小，蓋上一半鍋蓋，煮1小時左右，直至小扁豆完全變軟。

❹ 拿掉月桂葉，加入鹽和黑胡椒粉，佐以適量新鮮月桂葉和迷迭香，即可食用。

烹飪小提示

您可以在義大利食品店或熟食店中採購小粒的綠色小扁豆。

素 小扁豆義大利麵湯 *Lentil and Pasta Soup*

這道田園風味的蔬菜湯可以做為一頓豐盛營養的午餐或晚餐，與鬆脆的義大利麵包搭配食用，十分可口。

材料（4～6人份）

褐色小扁豆	$\frac{3}{4}$ 杯
大蒜	3瓣
純水	4杯
橄欖油	3大匙
奶油	2大匙
洋蔥（切碎）	1個
芹菜（切碎）	2根
乾蕃茄醬	2大匙
蔬菜高湯	$7\frac{1}{2}$ 杯
新鮮墨角蘭葉（多備一些裝飾用）	
新鮮羅勒葉	
新鮮百里香葉	1枝
較小的義大利麵（比如捲筒麵點）	$\frac{1}{2}$ 杯
鹽和新鮮研磨的黑胡椒粉	

❸ 在冷水龍頭下將小扁豆洗乾淨，然後瀝乾。將2大匙的油和一半的奶油在鍋中加熱，放入洋蔥和芹菜，在小火上翻炒5到7分鐘，直至蔬菜變軟。

❹ 將剩下的大蒜去皮壓碎，然後將和小扁豆一同煮熟的大蒜磨成蒜泥，再和剩下的油一起加入蔬菜中，同時加入蕃茄醬和小扁豆。攪拌後加入高湯、香草、鹽和黑胡椒粉，加熱至沸騰，並繼續攪拌。煮30分鐘，期間須偶爾攪拌。

❺ 加入義大利麵並攪拌，加熱至沸騰。煮7到8分鐘，並一直攪拌，或依照包裝上的說明，煮至義大利麵軟硬適中。最後加入剩下的奶油，並依口味添加調味料。盛入預熱過的湯碗中，飾以墨角蘭葉子，即可食用。

烹飪小提示

您可以將褐色小扁豆換成綠色小扁豆，但是橙色或紅色的小扁豆則不太適合，因為它們煮後易成糊狀。

❶ 將小扁豆倒入一口大湯鍋中，將一瓣大蒜拍碎（事先不用剝皮），加入小扁豆中。加入純水，加熱至沸騰，然後將火關小，用小火繼續煮20分鐘，注意須不時攪拌，直至小扁豆開始變軟。

❷ 將小扁豆倒入篩子中，揀出大蒜，放在一旁。

素 # 烤蕃茄義大利麵湯 *Roasted Tomato and Pasta Soup*

當市面上的蕃茄味道都不是特別濃厚的話，您可以試著製作這道湯。燒烤可以彌補蕃茄味道的單薄，讓這道湯散發出一絲煙燻的奇特芬芳。

材料（4人份）

成熟的義大利梅形蕃茄（縱向從中剖開）	450克
大紅椒（縱向切成四份）	1個
去籽大紅色洋蔥（縱向切成四份）	1個
大蒜（不去皮）	2瓣
橄欖油	1大匙
蔬菜高湯或純水	5杯
砂糖	
較小的義大利麵（比如捲筒麵點或小通心粉）	1杯
鹽和新鮮研磨的黑胡椒粉	
新鮮的羅勒葉（裝飾用）	

① 將烤箱加熱到攝氏190度。接著將蕃茄、紅椒、洋蔥和大蒜放在烤盤中，撒上橄欖油，烤30到40分鐘，直至蔬菜變軟並開始燒焦，燒烤的過程中注意須適時攪拌並翻面。

② 將蔬菜倒入食品加工器中，加入約1杯的高湯或水，攪打成均勻糊狀。將篩子放在湯鍋上，將混合物濾入鍋中。

③ 加入剩下的高湯或水，並依口味添加糖、鹽和胡椒，加熱至沸騰。

④ 加入義大利麵，煮7到8分鐘（或依照包裝上的說明），並不時攪拌，直至麵軟硬適中。最後加入適量的調味料，盛入溫熱的碗中，再飾以新鮮的羅勒葉，即可食用。

烹飪小提示

您可以事先將蔬菜烤好，冷卻後放入加蓋的碗中並冷藏一晚，再取出攪打。

135

小義大利麵肉湯 *Tiny Pasta in Broth*

在義大利，這道湯配上麵包，就可以做為一頓簡單的晚餐了。

材料（4人份）

牛肉高湯	5杯
較小的湯用義大利麵（如小星星義大利麵）	$\frac{3}{4}$杯
瓶裝的烤紅甜椒　2片，約50克	
鹽和新鮮研磨的黑胡椒粉（佐餐用）	
巴馬乾酪（佐餐用）	

1 將牛肉高湯在大湯鍋中煮滾，依口味加入鹽和黑粉，然後倒入湯用義大利麵，須充分攪拌，然後再次加熱至沸騰。

2 將火關小，煮7到8分鐘（或依照包裝上的說明），煮至義大利麵軟硬適中。注意須攪拌，以防義大利麵沾黏。

3 將瓶裝的烤紅甜椒瀝乾，切成小丁，分放在四個預熱過的湯盤中，備用。

4 調整調味料的用量，盛入湯碗中，旁邊單獨配上巴馬乾酪粉，趁熱食用。

義大利餃子肉湯 *Little Stuffed Hats in Broth*

在義大利北部，這道湯被當做Santo Stefano（聖史蒂芬節—英國的節禮日）和新年的節日湯品。與其他的節日食品相比，這道湯十分受歡迎。傳統的餃子肉湯使用的是耶誕節的大肉雞骨架，但是您可以選用雞湯，有同樣好的效果。

材料（4人份）

雞湯	5杯
新鮮或乾的夾心麵皮	1杯
乾白葡萄酒（自選）	2大匙
切碎的新鮮平葉巴西利（自選）	約1大匙
鹽和新鮮研磨的黑胡椒粉（佐餐用）	
巴馬乾酪（佐餐用）	2大匙

1 將雞湯倒入湯鍋中，加熱至沸騰，再依口味加入少許鹽和胡椒粉，接著放入水餃。

2 充分攪拌後重新煮滾，將火關小，依照包裝上的說明，將水餃煮至軟硬適中，期間須經常攪拌，讓水餃均勻受熱。

3 如果有葡萄酒和巴西利，加入一些，然後調整調味料的用量。將湯盛入4個預熱過的湯碗中，撒上巴馬乾酪粉即可上桌。

烹飪小提示

夾心麵皮指義大利水餃，自義大利中北部的羅馬涅區。您可以在市場購買，也可以在家自製。

鷹嘴豆義大利麵湯 *Pasta and Chick-Pea Soup*

這是一款簡單又富含營養的田園風味湯品，義大利麵和豆子的形狀相映成趣。

材料（4～6人份）

橄欖油	4大匙
洋蔥（切碎）	1個
胡蘿蔔（切碎）	2個
芹菜稈（切碎）	2根
罐裝鷹嘴豆（洗淨瀝乾）	400克
罐裝的義大利白豆（洗淨瀝乾）	200克
蕃茄醬	$\frac{2}{3}$杯
純水	$\frac{1}{2}$杯
蔬菜高湯或雞湯	$6\frac{1}{4}$杯
新鮮的迷迭香（多備幾片葉子做為裝飾）	1枝
貝殼螺紋形的乾義大利麵	2杯
鹽和新鮮研磨的黑胡椒粉（佐餐用）	
巴馬乾酪（佐餐用）	

❸ 加入2杯的高湯、迷迭香、鹽和新鮮研磨的黑胡椒粉，加熱至沸騰，然後用小火煮1小時，期間須不時攪拌。

您可以使用其他形狀的義大利麵，但是貝殼螺紋形的比較理想，因為它們能將鷹嘴豆和義大利白豆含在裡面。如果您喜歡，可以搗碎1到2瓣大蒜，與蔬菜一起煎。

❹ 倒入剩下的高湯、義大利麵，加熱至沸騰，將火關小，煮7到8分鐘（或依照包裝上的說明），直至義大利麵軟硬適中。最後將迷迭香枝撈出，撒上迷迭香和巴馬乾酪碎片，即可食用。

❶ 在大湯鍋中將油加熱後，放入切碎的蔬菜，用小火加熱5到7分鐘，不停翻炒。

❷ 加入鷹嘴豆和義大利白豆，攪拌均勻，繼續加熱5分鐘。接著加入蕃茄醬，倒入純水，攪拌並加熱2到3分鐘。

鷹嘴豆巴西利湯 *Chick-Pea and Parsley Soup*

在這道湯裡，巴西利和少量的檸檬使鷹嘴豆的味道清新而獨特。

材料（6人份）

鷹嘴豆（浸泡一夜）	$1\frac{1}{3}$ 杯
小洋蔥	1個
新鮮巴西利	40克
橄欖油和葵花籽油（混合）	2大匙
雞汁	5杯
檸檬汁	$\frac{1}{2}$ 個
鹽和新鮮研磨的黑胡椒粉	
檸檬片和檸檬皮（裝飾用）	

③ 將橄欖油和葵花籽油在鍋中加熱，放入攪碎的洋蔥和巴西利，用小火約煎4分鐘，至洋蔥稍軟即可。

④ 放入鷹嘴豆，用小火加熱1到2分鐘，再倒入雞汁並調味。煮滾後，加蓋再煮20分鐘。

① 將鷹嘴豆瀝乾並用冷水洗淨，再用開水滾煮1到1小時30分鐘，至鷹嘴豆軟嫩即可，然後瀝乾並去皮。

② 將洋蔥和巴西利放入食品加工器或攪拌器中均勻攪碎。

⑤ 待湯稍微冷卻後，用叉子將鷹嘴豆碾碎，至湯完全變濃稠即可。

⑥ 將湯再次加熱，然後加入檸檬汁，最後再飾以檸檬片和檸檬皮。

蒜香鷹嘴豆菠菜湯 *Chick-Pea and Spinach Soup with Garlic*

這道口感香滑、味道濃厚的湯品是素食者的完美之選。

材料（4人份）

橄欖油	2大匙
大蒜（搗碎）	4瓣
洋蔥（大致切碎）	1個
小茴香粉	2小匙
磨碎的胡荽	2小匙
蔬菜高湯	5杯
馬鈴薯（切碎）	350克
鷹嘴豆（瀝乾）	425克
玉米粉	1大匙
鮮奶油	$\frac{2}{3}$杯
芝麻醬	2大匙
菠菜（切絲）	200克
卡宴辣椒粉	
鹽和新鮮研磨的黑胡椒粉	

2 放入小茴香和胡荽，1分鐘後倒入蔬菜高湯，再放入馬鈴薯，煮滾後再煮10分鐘。

3 放入鷹嘴豆，再煮5分鐘，至馬鈴薯剛好軟嫩即可。

4 將玉米粉、奶油和芝麻醬糊混合，攪拌並調味，然後加入湯中，再放入菠菜，煮滾後再煮2分鐘，用鹽、黑胡椒粉和卡宴辣椒粉調味。最後撒上少許卡宴辣椒粉即可享用。

1 將油在大煮鍋中加熱後，放入大蒜和洋蔥，加熱約5分鐘，至洋蔥變軟且呈現金褐色。

烹飪小提示

芝麻醬在許多健康食品店都可買到。

東歐鷹嘴豆湯 *Eastern European Chick-Pea Soup*

這道源自巴爾幹半島的鷹嘴豆湯是當地的主食，不僅經濟實惠，而且營養美味。

材料（4～6人份）

鷹嘴豆（須浸泡一夜）	5杯
蔬菜高湯	9杯
大的馬鈴薯（切厚塊）	3個
橄欖油	$\frac{1}{4}$杯
菠菜葉	225克
鹽和新鮮研磨的黑胡椒粉	
辣香腸（煮熟，自選）	

1 將鷹嘴豆瀝乾並用冷水洗淨，放入大煮鍋中，倒入蔬菜高湯，煮滾後調至小火，加熱約1小時。

2 加入馬鈴薯和橄欖油，再用鹽和黑胡椒粉調味，加熱20分鐘至馬鈴薯軟嫩。

3 關火前5分鐘加入菠菜葉和香腸片，最後倒入預熱的湯碗後享用即可。

甜玉米扇貝濃湯 Corn and Scallop chowder

無論罐裝或冷凍的甜玉米，都是這道濃湯的理想材料。用它做為豐實的午餐是不錯的選擇。

材料（4～6人份）

材料	份量
甜玉米2根，或罐裝甜玉米1杯	
牛奶	$2\frac{1}{2}$杯
奶油或乳瑪琳	1大匙
小青蒜或洋蔥（切碎）	1個
燻培根（切碎）	$\frac{1}{4}$杯
大蒜（搗碎）	1瓣
小青椒（去籽並切丁）	1個
芹菜（切碎）	1根
中等大小馬鈴薯	1個
中筋麵粉	1大匙
雞湯或蔬菜高湯	$1\frac{1}{4}$杯
扇貝	4個
熟製淡菜	115克
辣椒粉	
鮮奶油（自選）	$\frac{2}{3}$杯
鹽和新鮮研磨的黑胡椒粉	

❶ 用刀將玉米粒切下，然後將一半量的玉米粒放入食品加工器或攪拌器中，再倒入牛奶並攪拌。

❷ 將奶油或乳瑪琳在煮鍋中加熱融化後，放入洋蔥、青蒜、大蒜和培根輕煎4到5分鐘，至青蒜變軟但未變成褐色即可。再放入青椒、芹菜和馬鈴薯，用小火加熱3到4分鐘，須不時攪動。

❸ 加入中筋麵粉，加熱1到2分鐘，至變成金黃色且起泡即可。再放入攪碎的玉米、高湯和剩餘的牛奶和玉米粒，並用鹽和黑胡椒粉調味。

❹ 煮滾後，半蓋鍋蓋再煮15到20分鐘，至全部蔬菜變軟。

❺ 將扇貝去黃色部分，再將其白色的肉切成5公厘的切片，放入湯中煮4分鐘，再放入扇貝黃、淡菜和辣椒粉稍煮片刻，最後加入奶油並調味即可上桌。

蛤蜊濃湯 *Clam Chowder*

這是一道來自美國新英格蘭州的傳統濃湯，將蛤蜊、豬肉、馬鈴薯和奶油融匯一爐，呈現無比的豐盛和美味。

材料（8人份）

材料	份量
蛤蜊（擦洗乾淨）	48個
水	$6\frac{1}{4}$杯
鹹豬肉或培根（切丁）	$\frac{1}{4}$杯
中等大小的洋蔥（切碎）	3個
月桂葉	1片
中等大小的馬鈴薯（切丁）	3個
溫牛奶	2杯
鮮奶油	1杯
鹽和新鮮研磨的黑胡椒粉	
新鮮碎巴西利（裝飾用）	

❸ 將豬肉或培根放入大煮鍋中加熱，至脂肪融化且開始變色，然後放入洋蔥，用小火加熱8到10分鐘，至洋蔥變軟即可。

❺ 放入蛤肉，加熱至馬鈴薯變軟嫩，須攪拌，然後調味。

❻ 加入牛奶和奶油，用小火再煮5分鐘。取出月桂葉，稍做調味再飾以碎巴西利即可。

❹ 放入月桂葉、馬鈴薯和保留的蛤蜊汁，煮滾後再加熱5到10分鐘。

❶ 將蛤蜊用涼水洗淨並瀝乾，然後放入一口深底鍋並加入水，煮滾後加蓋燜10分鐘至蛤蜊殼張開。

❷ 將蛤蜊冷卻並去殼，要丟掉未開殼的蛤蜊，再將蛤肉大致切碎，然後用棉網篩過濾並保留蛤蜊汁。

香辣淡菜湯 *Spiced Mussel Soup*

這道土耳其海鮮湯色澤鮮豔，從濃度來看，更像是一款海鮮濃湯，為它調味的哈里薩醬在北非烹飪中非常普遍。

材料（6人份）

新鮮淡菜	1500克
白葡萄酒	$\frac{2}{3}$杯
橄欖油	2大匙
洋蔥（切碎）	1個
大蒜（搗碎）	2瓣
芹菜（切片）	2根
小蔥（切碎）	1捆
馬鈴薯（切丁）	1個
哈里薩（harissa）調味醬	$1\frac{1}{2}$小匙
蕃茄（去皮切丁）	3個
新鮮碎巴西利	
新鮮研磨的黑胡椒粉	
原味優格（佐餐用）	

❸ 將油放入一口平底鍋中加熱後，放入洋蔥、大蒜、芹菜和小蔥，約煎5分鐘。

❹ 放入去殼的淡菜、保留的湯汁、馬鈴薯、蕃茄和哈里薩醬，煮滾後調至小火，再加蓋煮25分鐘，至蕃茄散開即可。

❺ 放入巴西利、黑胡椒粉和帶殼的淡菜，加熱1分鐘，最後佐以優格，即可享用。

❶ 將淡菜洗淨，用刀輕輕敲打，丟掉雙殼沒有完全密合的淡菜。

❷ 將白葡萄酒倒入大煮鍋中，煮滾後放入淡菜，加蓋加熱4到5分鐘，至淡菜殼張開，要丟掉未開口的淡菜。瀝乾並保留湯汁，再將大部分淡菜去殼，只保留少許幾個做裝飾即可。

咖哩鮭魚湯 *Curried Salmon Soup*

加入少許咖哩醬後，這道湯既不辣口又增添了咖哩的美味。

材料（4人份）

奶油	4大匙
洋蔥（大致切碎）	225克
淡味咖哩醬	2小匙
水	2杯
白葡萄酒	$\frac{2}{3}$杯
鮮奶油	$1\frac{1}{4}$杯
椰油（磨碎）	$\frac{1}{2}$杯
馬鈴薯（切碎）	350克
鮭魚片（去皮切塊）	450克
新鮮碎巴西利	4大匙
鹽和新鮮研磨的黑胡椒粉	

❸ 放入馬鈴薯，加蓋煮15分鐘，至馬鈴薯變軟嫩，但不要溶入湯中。

❹ 將鮭魚肉輕輕放入湯中，煮2到3分鐘，至魚肉軟嫩，最後加入巴西利並調味即可。

❶ 將奶油在大煮鍋中融化後，放入洋蔥，用小火加熱3到4分鐘，至洋蔥開始變軟，再加入咖哩醬，加熱1分鐘。

❷ 放入水、白葡萄酒、奶油和椰油，攪勻並調味，滾煮至椰油融化即可。

鮭魚雜燴湯 *Salmon Chowder*

這道口感滑膩的濃湯中，蒔蘿和鮭魚是絕佳的搭檔。

材料（4人份）	
奶油或乳瑪琳	$1\frac{1}{2}$大匙
洋蔥（切碎）	1個
青蒜（切碎）	1個
茴香球莖（切碎）	1個
中筋麵粉	$\frac{1}{4}$杯
魚高湯	$7\frac{1}{2}$杯
中等大小的馬鈴薯（切成1公分大小的塊狀）	2個
去皮去骨的鮭魚（切成2公分大小的塊狀）	450克
牛奶	$\frac{3}{4}$杯
鮮奶油	$\frac{1}{2}$杯
新鮮碎蒔蘿	2大匙
鹽和新鮮研磨的黑胡椒粉	

① 將奶油或乳瑪琳放入大煮鍋中融化後，放入洋蔥、青蒜和茴香球莖，中火加熱5到8分鐘至蔬菜變軟，不時攪拌。

② 放入麵粉，調低火溫加熱3分鐘，要適時攪拌。

③ 加入魚高湯和馬鈴薯，再用鹽和黑胡椒粉調味，煮滾後調低火溫，加蓋約煮20分鐘，至馬鈴薯變軟嫩。

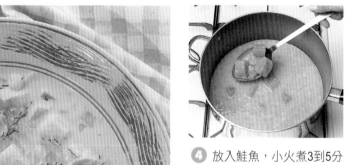

④ 放入鮭魚，小火煮3到5分鐘，至魚肉剛好煮熟即可。

⑤ 加入牛奶、奶油和蒔蘿，充分加熱但避免煮滾，最後再稍做調味即可。

馬鈴薯黑線鱈湯 *Smoked Haddock and Potato Soup*

這道傳統的蘇格蘭湯有一個道地而準確的名字叫做cullen skink，cullen指海濱小鎮或城鎮的海港，skink是清湯的意思。

材料（6人份）	
燻鱈魚	約350克
洋蔥（切碎）	1個
調味香料	1包
水	3¾杯
馬鈴薯（切成四份）	500克
牛奶	2¼杯
奶油	3大匙
鹽和新鮮研磨的黑胡椒粉	
剪短的細香蔥（裝飾用）	
脆皮麵包（佐餐用）	

❶ 將燻鱈魚、洋蔥、香料包放入鍋中，倒入水煮滾並撈掉表面上的浮渣，然後調低火溫，加蓋煮10到15分鐘，至鱈魚較易散開即可。

❷ 將鱈魚取出並去皮去骨，然後將魚肉切成薄片。將魚皮和魚骨放回鍋中，不加蓋再煮30分鐘，然後用篩網過濾湯。

❸ 將過濾後的高湯倒回鍋中，加入馬鈴薯，煮25分鐘至馬鈴薯變軟嫩，再用漏勺將馬鈴薯取出，然後加入牛奶並煮滾。

❹ 同時，將馬鈴薯拌入奶油壓碎，放回湯中均勻攪拌至濃稠的奶油色即可。最後放入魚片，用鹽和黑胡椒粉調味，再飾以細香蔥，並佐以脆皮麵包即可享用。

燻鱈魚秋葵湯 *Smoked Cod and Okra Soup*

這道湯的靈感來自加納的秋葵湯，並加了燻鱈魚來增添美味。

材料（4人份）

綠香蕉	2根
奶油或乳瑪琳	4大匙
洋蔥（切碎）	1個
蕃茄（去皮並切碎）	2個
秋葵（修剪）	115克
燻鱈魚片（切片）	225克
魚高湯	$3\frac{3}{4}$ 杯
新鮮紅辣椒（去籽並切碎）	1個
鹽和新鮮研磨的黑胡椒粉	
新鮮巴西利嫩枝（裝飾用）	

③ 放入鱈魚、魚高湯和紅辣椒，再用鹽和黑胡椒粉調味，煮滾後調低火溫，再煮約20分鐘，至鱈魚剛好煮熟且較易散開即可。

④ 將香蕉去皮並切片，再放入湯中加熱幾分鐘，然後舀至湯碗並飾以碎巴西利即可。

① 用刀將香蕉皮切開，放入煮鍋並加入水，煮滾後調至中火，再加熱25分鐘至香蕉變軟嫩後，取出放入盤中冷卻。

② 奶油或乳瑪琳在煮鍋中加熱溶化後，放入洋蔥，輕煎5分鐘至洋蔥變軟，加入碎蕃茄和秋葵，用小火再煎10分鐘。

魚丸湯 *Fish Ball Soup*

這道湯的日文名是Tsumire－jiru，tsumire是沙丁魚丸的意思，這種魚丸可使湯味濃郁香醇。

材料（4人份）

日本清酒或乾白酒	$\frac{1}{3}$杯
即食魚湯	5杯
白味噌醬	4大匙
真姬菇150克或什塔克菇6個	
青蒜或小蔥	1根

魚丸材料

鮮薑	20克
新鮮沙丁魚（去頭去內臟）	800克
白味噌醬	2大匙
日本清酒或乾白酒	1大匙
糖	$1\frac{1}{2}$小匙
雞蛋	1個
玉米粉	2大匙

❶ 製做魚丸時，先將鮮薑研磨並擠取1小匙的薑汁。

❷ 將沙丁魚用冷水洗淨，再沿脊骨切成兩半，然後去掉魚骨。去皮時要將帶皮一面朝下，用刀從尾到頭慢慢去皮。

❸ 將魚大致切碎後放入攪拌器或食品加工器中，再放入薑汁、味噌醬、日本清酒或乾白酒、糖和雞蛋。攪拌後放入碗中，加入玉米粉並充分攪均。

❹ 將真姬菇稍做修剪，若選用什塔克菇，將其柄部丟掉或將其柄部切絲。將青蒜或小蔥切成段長4公分的細長片。

❺ 將魚湯煮滾，再用兩個濕潤的調羹將製好的沙丁魚泥做成魚丸，然後放入湯中，再加入香菇和青蒜或小蔥。

❻ 將魚湯煮至魚丸浮在表面上即可。舀入湯碗即可享用。

雞肉蔬菜湯 *Chicken Minestrone*

選用雞肉來製作這道湯是很特別的嘗試，再搭配義式脆皮麵包，就成了一道營養豐富的主菜。

材料（4～6人份）

橄欖油	1大匙
雞腿	2支
去皮的燻培根（切碎）	3片
洋蔥（切碎）	1個
新鮮羅勒葉（切絲）	
迷迭香（切碎）	
新鮮碎巴西利	1大匙
馬鈴薯（切成1公分的塊狀）	2個
大胡蘿蔔（切成1公分的塊狀）	1個
節瓜（切成1公分的塊狀）	2個
芹菜（切成1公分的塊狀）	1至2根
雞湯	4杯
冷凍豌豆	$1\frac{3}{4}$杯
義大利麵	1杯
鹽和新鮮研磨的黑胡椒粉	
巴馬乾酪屑（佐餐用）	

❶ 將油在大煎鍋中先加熱，再放入雞腿，每面各煎5分鐘，然後用漏勺取出。

❷ 加入培根、洋蔥、羅勒葉、迷迭香和巴西利，用小火加熱5分鐘並經常攪拌。再放入馬鈴薯、胡蘿蔔、節瓜和芹菜，加熱5到7分鐘。

❸ 將雞腿放回鍋中，再倒入雞湯並煮滾，然後加蓋用小火煮35到40分鐘，須適時攪拌。

❹ 用漏勺將雞腿取出，再放入豌豆和義大利麵，煮滾後再煮7到8分鐘，要經常翻動，至義大利麵軟硬適中即可。

❺ 同時，將雞腿去皮去骨，再切塊成1公分大小。

❻ 將雞肉放回鍋中，攪勻並加熱，用鹽和黑胡椒粉調味。

❼ 將湯舀入預熱的湯碗或湯盤中，再飾以巴馬乾酪屑即可享用。

義大利方塊麵豌豆清湯 *Pasta Squares and peas in Broth*

這道湯來自拉奇奧，傳統的做法是選用家中新鮮製作的義大利麵和豌豆。在這裡，我們選用現成的義大利麵和冷凍的豌豆來節約時間。

材料（4～6人份）

材料	份量
奶油	2大匙
義大利鹹肉或去皮培根（切碎）	$\frac{1}{3}$杯
小洋蔥（切碎）	1個
芹菜（切碎）	1根
冷凍豌豆	$3\frac{1}{2}$杯
蕃茄醬	1小匙
新鮮碎巴西利	1至2小匙
雞湯	4杯
義式寬麵	300克
巴馬火腿（切塊）	$\frac{1}{3}$杯
鹽和新鮮研磨的黑胡椒粉	
研磨的巴馬乾酪（佐餐用）	

① 將奶油在大煮鍋中加熱融化後，放入義大利鹹肉或培根、洋蔥和芹菜，用小火加熱5分鐘，要不停攪拌。

烹飪小提示

義大利鹹肉和燻火腿的味道都比較鹹，所以用鹽調味時要注意用量。

② 放入豌豆，攪動並加熱3到4分鐘後再加入蕃茄醬和巴西利，並倒入雞湯，再用鹽和黑胡椒粉調味。煮滾後調至小火，加蓋煮10分鐘。同時將義式寬麵切成2公分大小的方塊狀。

③ 放入義大利麵攪拌並加熱，煮滾後再煮2到3分鐘，至麵軟硬適中，最後加入火腿。將湯倒入預熱的湯碗中，再佐以巴馬乾酪即可享用。

培根起司南瓜湯 Squash, Bacon and Swiss Cheese Soup

這道南瓜湯裡不僅放入了少許香料，更有香滑誘人、入口即溶的起司。

材料（4人份）

南瓜	900克
燻培根	225克
油	1大匙
洋蔥（大致切碎）	225克
大蒜（搗碎）	2瓣
茴香粉	2小匙
磨碎的芫荽	1大匙
馬鈴薯（切小厚塊）	275克
蔬菜高湯	3¾杯
玉米粉	2小匙
酸奶	2大匙
辣椒科醬（調味用）	
鹽和新鮮研磨的黑胡椒粉	
格魯耶爾（Gruyere）乳酪（佐餐用）	1½杯
脆皮麵包（佐餐用）	

❷ 將南瓜籽取出並丟掉，再切成小厚塊。將培根上的肥肉去掉，再切成小片。

❺ 放入南瓜、馬鈴薯、高湯，煮滾後再煮15分鐘，至南瓜和馬鈴薯變軟嫩。

❸ 在大煮鍋中將油加熱後，放入大蒜和洋蔥，輕煎3分鐘至變軟。

❻ 將玉米粉和2大匙的水混合，攪拌均勻後倒入湯中，再加入酸奶並煮滾，然後不加蓋再煮3分鐘，最後用鹽、黑胡椒粉和辣椒醬調味。

❼ 用長柄勺將湯舀至預熱的湯碗中，再撒上格魯耶爾乳酪，佐以脆皮麵包即可享用。

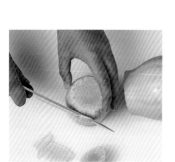

❶ 將南瓜切成幾部分，再用刀將瓜皮切掉，保留瓜肉。

❹ 放入培根約煎3分鐘，再放入茴香粉和碎芫荽，用小火再加熱1分鐘。

豌豆火腿湯 *Split Pea and Ham Soup*

這道菜的主要材料是後腿培根，後腿培根是從火腿上切下的一窄條骨頭肉，製作時，也可以用一塊豬腹肉代替。

材料（4人份）

材料	份量
豌豆	$2\frac{1}{2}$ 杯
去皮的培根薄片	4片
洋蔥（切碎）	1個
胡蘿蔔（切片）	2個
芹菜（切片）	1根
冷水	$10\frac{1}{2}$ 杯
新鮮的百里香嫩枝	1根
月桂葉	2片
大馬鈴薯（切成方形）	1個
後腿培根	1個
新鮮研磨的黑胡椒粉	

3 將切碎的洋蔥、胡蘿蔔以及芹菜放入鍋中，用剩餘的培根油炒3到4分鐘，至洋蔥變軟但還沒有呈現褐色即可，然後把培根放回鍋中並加入水。

4 將豌豆瀝乾後，與百里香、月桂葉、馬鈴薯及後腿培根一起放入鍋中，煮至沸騰後調低火溫，蓋上鍋蓋煮約1小時。

5 將百里香、月桂葉和後腿培根取出。將湯放入食品加工器中攪拌至均勻，再倒入另一個乾淨的平底鍋中。把後腿培根肉從骨頭上切下後放入湯中，用小火加熱。最後放入新鮮研磨的黑胡椒粉進行調味，然後用長柄勺將湯舀至預熱過的湯碗中即可。

1 將豌豆放入一個碗中，加入水將其全部覆蓋，浸泡一個晚上。

2 將培根切成小塊，放入一個深平底鍋中，乾煎4到5分鐘，至其變得酥脆，然後用漏勺取出。

法蘭克福香腸扁豆培根湯 *Lentil, Bacon and Frankfurter Soup*

這是一道營養極佳的德式湯品，如果想要讓味道清淡一點，可以不加入法蘭克福香腸。

材料（6人份）

材料	份量
褐色小扁豆	1杯
葵花籽油	1大匙
洋蔥（切碎）	1個
青蒜	1根
胡蘿蔔（切丁）	1個
芹菜（切碎）	2根
瘦培根肉片	115克
月桂葉	2片
水	$6\frac{1}{4}$杯
新鮮的碎巴西利（多備一些裝飾用）	2大匙
法蘭克福香腸（切片）	225克
鹽和新鮮研磨的黑胡椒粉	

1 用冷水徹底沖洗小扁豆，然後瀝乾。

2 在大平底鍋中將油加熱後，放入洋蔥輕煎5分鐘，至洋蔥變軟，再放入青蒜、胡蘿蔔、芹菜、培根和月桂葉。

烹飪小提示

褐色小扁豆與其他的豆類不同，烹飪前不需要用水浸泡。

3 放入小扁豆，再倒入水，然後慢慢煮至沸騰。撈去表面的泡沫，然後半蓋鍋蓋煮45到50分鐘，至小扁豆變軟即可。

4 將培根從湯中撈出，切成丁，並去掉肥肉。

5 再把培根放回湯中，同時加入巴西利及法蘭克福香腸片，用鹽和新鮮研磨的黑胡椒粉調味，再煮2到3分鐘後撈出月桂葉。

6 將湯舀至湯碗中，再飾以碎巴西利即可。

豬肉鮮蝦麵條湯 *Pork and Noodle Broth with Shrimp*

這道來自越南的湯品味道鮮美、做法簡單、口味獨特。添加了麵條讓這道菜肴更加營養，有益健康。

材料（4～6人份）

豬排或豬肉片	350克
生或熟製的蝦子（去頭）	225克
細的雞蛋麵條	150克
植物油	1大匙
芝麻油	2小匙
青蔥4支，或中等大小的洋蔥1個（切片）	
新鮮的薑片	1大匙
大蒜（搗碎）	1瓣
糖	1小匙
雞肉高湯	$6\frac{1}{4}$杯
卡菲爾萊姆葉	2片
魚露	3大匙
萊姆（榨汁）	半個

裝飾配菜

芫荽枝	4個
小蔥（只需蔥葉部分，切碎）	4個

1 如果使用的是豬排而不是豬肉片，要除去肥肉及骨頭。把豬肉放入冰箱裡冷藏30分鐘，使其變硬，但不要冷凍。豬肉經冷藏後較容易切成薄片。

2 若使用的是生的蝦子，要去殼，並除去腸線。

3 在一口深平底鍋中加入鹽水，煮至沸騰後放入雞蛋麵條，根據包裝上的說明進行煮製。煮熟後撈出，瀝乾，然後用冷水沖洗並放在一旁待用。

4 將一煮鍋預熱後，加入植物油和芝麻油，待油熱後，放入青蔥或洋蔥，炒3到4分鐘，直到蔥變成褐色。將蔥盛出後，放在一旁待用。

5 在鍋中放入薑、大蒜、糖、雞湯、萊姆葉、魚露和萊姆汁，再放入豬肉，煮15分鐘。

6 放入蝦和麵條，煮3到4分鐘，如果選用的是生蝦，可將時間延長，以保證蝦已煮熟。飾以芫荽枝和小蔥葉即可享用。

參考做法

製做這道簡單方便、味道鮮美的湯時，可嘗試用200克的去骨雞胸肉來代替豬肉片。

三鮮湯 *Three-Delicacy Soup*

這道美味的湯品中含有三種主要材料：雞肉、火腿和對蝦。

材料（4人份）

雞胸肉片	115克
蜂蜜火腿	115克
去殼蝦子	115克
雞肉高湯	3杯
鹽	
蔥花（裝飾用）	

烹飪小提示

新鮮的生蝦味道最鮮美，如果買不到的話，也可用烹飪好的蝦代替。即將出鍋前加入即可，以防煮得過熟。

① 把雞胸肉和火腿切成小薄片。如果蝦很大的話，將其縱切成兩半。

② 在一個煮鍋或深平底鍋中倒入高湯，煮至沸騰後加入雞肉、火腿和蝦。再次沸騰時加入鹽，煮1分鐘。

③ 將煮好的湯盛入湯碗中，飾以蔥花，即可享用。

羊肉胡瓜湯 *Lamb and Cucumber Soup*

這道湯雖然做法簡單，但味道卻無比鮮美。

材料（4人份）

羊肉片	225克
醬油	1大匙
中國米酒或乾雪利酒	2小匙
芝麻油	$\frac{1}{2}$小匙
胡瓜	長7.5公分
雞肉或蔬菜高湯	3杯
米醋	1大匙
鹽和新鮮研磨的黑胡椒粉	

① 將羊肉上多餘的肥肉切掉再切成小薄片。放入醬油、米酒或雪利酒以及芝麻油醃製25到30分鐘，將醃汁倒掉。

② 將胡瓜條縱切成兩條（不要去皮），然後將每條分別切成薄片。

③ 在煮鍋或深的平底鍋中倒入高湯，煮滾後放入羊肉，稍稍攪動至肉片分開即可。

④ 繼續煮製，最後加入胡瓜片、米醋及調味品即可。

保加利亞酸羊肉湯 *Bulgarian Sour Lamb Soup*

這道酸味湯的傳統做法使用的是羊肉，但用豬肉及家禽類代替羊肉所做出來的口味，也很受歡迎。

材料（4～5人份）

油	2大匙
瘦羊肉（切塊）	450克
洋蔥（切丁）	1個
中筋麵粉	2大匙
辣椒粉	1大匙
熱的羊肉高湯	4杯
新鮮的巴西利枝	3根
蔥	4支
新鮮的蒔蘿枝	4根
長米	$\frac{1}{4}$杯
醋或檸檬汁	2至3大匙
鹽和新鮮研磨的黑胡椒粉	
蛋（打勻）	2個

裝飾配菜

奶油（融化）	2大匙
辣椒粉	1小匙
新鮮巴西利，或圓葉當歸和蒔蘿	

① 將油放入大平底鍋中加熱後，放入羊肉，煎至呈現褐色，再放入洋蔥翻炒，至洋蔥變軟即可。然後撒入麵粉和辣椒粉，攪拌均勻後倒入高湯，大約煮10分鐘。

② 用線將巴西利、蔥和蒔蘿綁在一起，放入鍋中，再加入長米並調味。煮至沸騰後再煮30到40分鐘，直到羊肉變得軟嫩。

③ 將鍋子從火爐上移開，一邊攪動，一邊加入雞蛋，同時倒入米醋或檸檬汁。接著取出捆綁的巴西利、蔥和蒔蘿，再用鹽和黑胡椒粉調味。

④ 製作裝飾配菜時，先將奶油放入鍋中，加熱使其融化，再加入辣椒粉。將湯倒入預熱過的湯碗中，飾以香料和少許的辣椒奶油即可享用。

義大利麵肉丸湯 *Meatball and Pasta Soup*

這道湯來自日光充足的西西里島。無論天氣如何，吃上這樣一頓家庭晚餐，就夠豐盛和愜意了。

材料（4人份）

罐裝濃縮牛肉湯（300克）	2罐
義大利麵（如義大利式特細麵條）	¾杯
新鮮的巴西利（裝飾用）	
磨碎的巴馬乾酪（佐餐用）	

肉丸材料

白麵包（去掉麵包皮）	1厚片
牛奶	2大匙
碎牛肉	225克
大蒜（搗碎）	1瓣
磨碎的巴馬乾酪	2大匙
新鮮的巴西利葉（切碎）	2至3大匙
雞蛋	1個
新鮮磨碎的肉豆蔻	
鹽及新鮮研磨的黑胡椒粉	

1 製作肉丸：將麵包撕成小塊，放在一個小碗中，加入牛奶，放置在一旁使其浸泡充分。浸泡同時，將碎牛肉、大蒜、巴馬乾酪、巴西利以及雞蛋放入另一個大碗中，在上方隨意研磨一些肉豆蔻，再用鹽和黑胡椒粉調味。

2 用雙手把麵包中的牛奶儘量擠出，然後放入製作肉丸的材料中，用手將所有材料攪拌在一起，使其充分混合。將雙手洗乾淨後，把混合材料製成小球狀，約彈珠大小。

3 將兩罐濃縮牛肉湯全部倒入一個深的平底鍋中，根據包裝上標籤所示，加入一定數量的水後，再額外加入一罐水。加入調味料後，品嘗味道，然後煮至沸騰，接著放入肉丸。

4 把義大利麵弄成小片後放入湯中，輕輕攪動，待湯沸騰後大約再煮7到8分鐘，須經常攪拌，或根據包裝說明上的指示，煮至義大利麵軟硬適中即可。品嚐味道，再根據個人口味進行調味。

5 把湯盛入預熱過的湯碗中，飾以碎巴西利和新鮮研磨的巴馬乾酪後，即可享用。

肉丸清湯 *Clear Soup with Meatballs*

這是一道中國特色的湯品，其製作方法是在鮮美的高湯中加入稍微烹製的蔬菜以及肉丸。

材料（8人份）

材料	用量
香菇（溫水中浸泡30分鐘）	4至6個
花生油	2大匙
大洋蔥（切碎）	1個
大蒜（搗碎）	2瓣
新鮮的薑塊（磨碎）	1公分長
牛肉高湯或雞湯（浸泡蘑菇的液體包括在內）	9杯
醬油	2大匙
羽衣甘藍、菠菜或生菜葉（切碎）	115克

肉丸材料

材料	用量
精製碎牛肉	175克
小洋蔥（切碎）	1個
大蒜（搗碎）	1至2瓣
玉米粉	1大匙
蛋白（輕微攪拌）	
鹽和新鮮研磨的黑胡椒粉	

❶ 首先準備製作肉丸。將牛肉、洋蔥、大蒜、玉米粉以及調味品放入食品加工機中，再放入足夠的蛋白，進行攪打。然後用沾濕的手將肉末捏成小球狀，放在一旁備用。

❷ 將香菇瀝乾，並保留浸泡香菇的汁液。先將香菇的柄部去掉，再將傘部切片，然後放在一旁備用。

❸ 在煮鍋或深平底鍋放入花生油加熱。接著放入洋蔥、大蒜以及薑末，煎至香味散出，但時間不宜過長，防止變成褐色。

❹ 當洋蔥變軟時，倒入高湯。煮至沸騰時，加入醬油和香菇片，再煮10分鐘。

❺ 將薑末取出並扔掉，再加入切碎的羽衣甘藍、菠菜或生菜葉，加熱1分鐘後立即享用，注意不要放置過久。

豬肉蔬菜湯 *Pork and Vegetable Soup*

製做這道日本湯非常有趣，它的材料不是很常見，但可以在食品專賣店買到。

材料（4人份）

牛蒡（自選）	50克
米醋	1小匙
蒟蒻	115克
油	2小匙
豬腹肉（切成3至4公分長的條狀）	200克
白蘿蔔（削皮，切成薄片）	115克
胡蘿蔔（切成薄片）	50克
中等大小的馬鈴薯（切成薄片）	1個
香菇（去掉柄部，切成薄片）	4個
昆布鰹魚高湯，或即食魚湯	$3\frac{1}{2}$杯
日本清酒或乾白酒	1大匙
紅色或白色味噌醬	3大匙

裝飾配菜

小蔥（切成薄片）	2支
七味粉	

❶ 洗掉牛蒡的外皮，需要的話，可以使用小刷子。洗淨後將其切成薄片，然後放入水中浸泡5分鐘，浸泡前要在水中加些醋，以除去牛蒡的苦味，然後將其瀝乾。

❷ 將蒟蒻放入小的平底鍋中，加入足夠的水，使蒟蒻被完全覆蓋。用中火加熱，煮至沸騰，然後瀝乾並冷卻，這樣可以除去其中的苦味。

❸ 用手將蒟蒻撕成2公分大小的塊狀。不要用刀，因為那樣不易入味。

❹ 在深平底鍋中放入一些油，炒豬肉。接著加入牛蒡、白蘿蔔、胡蘿蔔、馬鈴薯、香菇以及蒟蒻，然後繼續炒1分鐘左右。再倒入高湯，以及日本清酒或乾白酒。

❺ 將湯煮至沸騰後，撈掉浮在表面的泡沫，再煮10分鐘，至蔬菜變軟即可。

❻ 用長柄勺將適量的湯舀入一個小碗中，溶解其中的味噌醬，把醬汁倒回深平底鍋中，待再次沸騰後停止加熱，否則會失去味道。最後將湯倒入湯碗中，撒上小蔥以及七味粉即可上桌。

蕃茄牛肉湯 *Tomato and Beef Soup*

不論味道還是外觀，新鮮的蕃茄和小蔥都為這道清淡的牛肉湯增色不少。

材料（4人份）

腰部牛排肉（去掉脂肪）	75克
牛肉高湯	$3\frac{3}{4}$ 杯
蕃茄醬	2大匙
蕃茄（去籽並切片）	6個
白糖	2小匙
玉米粉	1大匙
冷水	1大匙
蛋白	1個
芝麻油	$\frac{1}{2}$小匙
小蔥（切碎）	2根
鹽和新鮮研磨的黑胡椒粉	

❸ 在玉米粉中加入冷水，調成糊狀，然後倒入湯中，持續攪動，至其稍微變稠，但不能凝結成塊。接著輕輕將蛋白打入一個杯中。

❹ 將蛋白慢慢倒入湯中，並不停攪動，當蛋白改變顏色時，加入鹽和黑胡椒粉調味，均勻攪拌。最後將湯倒入預熱的湯碗中，再滴上幾滴芝麻油，並撒上小蔥，即可享用。

❶ 將牛肉切成薄的條狀，放入深平底鍋中，接著倒入熱水，將牛肉完全覆蓋，然後放在一旁待用。

❷ 在一個乾淨的鍋中倒入高湯，煮至沸騰。加入蕃茄醬後，再加入蕃茄、糖、牛肉，待湯再次沸騰後調至小火，再煮2分鐘。

紅辣椒牛肉湯 *Beef Chili Soup*

這是一道以傳統的紅辣椒食譜為基礎的湯品，材料極其豐富，再搭配上新鮮的脆皮麵包，味道更是理想。相信它可以勝任各種正餐前的開胃湯。

材料（4人份）

油	1大匙
洋蔥（切碎）	1個
牛肉末	175克
大蒜（切碎）	2瓣
新鮮的紅辣椒（切片）	1個
中筋麵粉	$\frac{1}{4}$杯
罐頭裝的碎蕃茄	400克
牛肉高湯	$2\frac{1}{2}$杯
罐裝大紅豆（瀝乾）	2杯
新鮮的碎巴西利	2大匙
鹽和新鮮研磨的黑胡椒粉	
脆皮麵包（佐餐用）	

① 將油放入深平底鍋中加熱後，放入洋蔥以及碎牛肉，煎5分鐘，至呈黃褐色即可。

② 接著放入大蒜、紅辣椒以及麵粉，加熱1分鐘後再放入蕃茄，倒入高湯，煮至沸騰。

③ 加入大紅豆，再用鹽和黑胡椒粉調味，加熱約20分鐘。

④ 最後將湯倒入預熱的湯碗中，再撒上新鮮的碎巴西利，並佐以脆皮麵包即可。

烹飪小提示

依個人口味喜好，可以將紅辣椒切片時把辣椒籽去掉，以免味道過重。

鍋煲濃湯
ONE-POT-MEAL SOUPS

托斯卡尼豌豆湯 *Tuscan Bean Soup*

這道湯的做法有很多種，需要的材料有白豆、青蒜、甘藍菜和上好的橄欖油，如要品嘗時重新加熱會更美味。

材料（4人份）

材料	份量
特級初榨橄欖油	3大匙
洋蔥（大致切碎）	1個
青蒜（大致切碎）	2個
大馬鈴薯（切塊）	1個
大蒜（切碎）	2瓣
蔬菜高湯	5杯
罐裝白豆（瀝乾並保留汁液）	400克
皺葉甘藍	175克
新鮮碎巴西利	3大匙
新鮮碎牛至草	2大匙
巴馬乾酪（切碎）	1杯
鹽和新鮮研磨的黑胡椒粉	

蒜茸吐司材料

特級初榨橄欖油	2至3大匙
鄉村麵包	6片
大蒜（磨碎）	1瓣

❶ 在鍋中先將油加熱，接著放入洋蔥、青蒜、馬鈴薯及大蒜，用小火慢煮4到5分鐘至蔬菜開始變軟即可。

❷ 倒入蔬菜高湯和白豆汁液，加蓋加熱約15分鐘。

❸ 放入甘藍菜、白豆，和一半量的香草並調味，再加熱10分鐘。然後將13的湯舀入食品加工器或攪拌器，攪勻後倒回鍋中，調味並加熱約5分鐘。

❹ 製做蒜茸吐司時，先在麵包片上灑一點油，再將兩面都擦上蒜末，烘烤至金棕色。用長柄勺將湯舀至湯碗中，用剩餘的香草和乾酪點綴，再加入幾滴橄欖油，最後用熱的蒜茸吐司佐餐即可。

農家蔬菜湯 *Farmhouse Soup*

這道蔬菜濃湯的材料豐富，常被用來做為主菜。你還可以依據個人喜好選擇不同的蔬菜做為材料。

材料（4人份）

橄欖油	2大匙
洋蔥（大致切碎）	1個
胡蘿蔔（切塊）	3個
蕪菁（切塊）	175克
蕪菁甘藍（切塊）	200克
罐裝義式蕃茄	400克
蕃茄醬	1大匙
義大利香草	1小匙
乾製牛至草	1小匙
乾辣椒（切絲，自選）	$\frac{1}{2}$杯
蔬菜高湯或水	$6\frac{1}{4}$杯
義大利貝殼通心粉	$\frac{1}{2}$杯
大紅豆（洗淨並瀝乾）	400克
新鮮碎巴西利	2大匙
鹽和新鮮研磨的黑胡椒粉	
研磨的巴馬乾酪（佐餐用）	

① 在鍋中先將油加熱，加入洋蔥，用小火約煮5分鐘直至洋蔥變軟。再放入新鮮蔬菜、罐裝蕃茄、蕃茄醬、香草和乾辣椒，用鹽和黑胡椒粉調味。

② 倒入高湯或水，煮滾後調低火溫，加蓋燜30分鐘，要適時攪拌。

③ 加入通心粉，煮滾後調低火溫，不加蓋再燜5分鐘，或根據包裝上的說明煮至軟中帶硬即可，要不時攪拌。

④ 放入大紅豆，加熱2到3分鐘後再加入碎巴西利並調味。最後將湯倒入預熱的湯碗，佐以巴馬乾酪即可享用。

烹飪小提示

乾製的義式甜椒非常開胃，是素食湯品的理想調味品。

素 普羅旺斯蔬菜湯 *Provencal Vegetable Soup*

這道湯將普羅旺斯的夏日風情一網打盡。羅勒和蔬菜蒜泥也營造了美妙無比的氛圍和情調,千萬不能錯過。

材料(6~8人份)

材料	份量
新鮮蠶豆1½杯(去莢)或扁豆¾杯(浸泡整夜)	
乾製普羅旺斯香草	½小匙
大蒜(切碎)	2瓣
橄欖油	1大匙
洋蔥(切碎)	1個
大青蒜(切片)	1個
芹菜(切片)	1根
胡蘿蔔(切丁)	2個
小馬鈴薯(切丁)	2個
四季豆	115克
水	5杯
節瓜(切碎)	2個
中等大小的蕃茄(去皮、去籽並切碎)	3個
綠豌豆(去莢,新鮮或冷凍皆可)	1杯
菠菜葉(切絲)	一把
鹽和新鮮研磨的黑胡椒粉	
新鮮羅勒枝(裝飾用)	

蔬菜蒜泥材料

大蒜(切碎)	2瓣
羅勒葉	½杯
研磨的巴馬乾酪	4大匙
特級初榨橄欖油	4大匙

② 做湯時如果選用乾扁豆,需浸泡後瀝乾,放入鍋中並加水滾煮10分鐘,然後再次瀝乾。

③ 把煮至半熟的扁豆或新鮮蠶豆放入鍋中,加入普羅旺斯草和一瓣大蒜,倒入水至扁豆或蠶豆的2.5公分高度即可。煮滾後調至中火繼續加熱,新鮮蠶豆約需煮10分鐘,乾扁豆則需煮1小時,煮至軟嫩後放置待用,並保留湯汁。

① 製做蔬菜蒜泥時,將大蒜、羅勒和巴馬乾酪放入食品加工器或攪拌器,攪拌時緩慢加入橄欖油。也可以將大蒜、羅勒和乾酪放入研缽中,再加入油將其研碎。

④ 在鍋中將油加熱,放入洋蔥和大青蒜,煎至開始變軟即可,要適時攪拌。

⑤ 加放入芹菜、胡蘿蔔和另一瓣大蒜,加蓋加熱10分鐘,要適時攪拌。

⑥ 加入馬鈴薯、四季豆和水,用鹽和黑胡椒粉調味,煮至沸騰後調至小火並撈掉表面上的泡沫,加蓋燜10分鐘。

⑦ 加入節瓜、蕃茄和綠豌豆,再放入煮熟的扁豆或蠶豆並倒入其湯汁,加熱20到35分鐘,煮至蔬菜全部軟嫩,再加入菠菜煮5分鐘。調味後在各湯碗中放一勺蔬菜蒜泥,再飾以羅勒枝即可享用。

烹飪小提示

蔬菜蒜泥和湯可以提前一、兩天做好並冷凍起來,享用時只需用小火加熱並適時攪拌即可。

白豆蔬菜湯 *Chunky Bean and Vegetable Soup*

這道湯材料豐富，跟蔬菜濃湯不同之處，在於它選擇了蔬菜的種類，例如選用白豆來補充蛋白質和纖維素等所需營養。

材料（4人份）

橄欖油	2大匙
芹菜（切碎）	2根
青蒜（切片）	2個
胡蘿蔔（切片）	3個
大蒜（搗碎）	2瓣
罐裝羅勒蕃茄	400克
蔬菜高湯	5杯
罐裝白豆（瀝乾）	400克
香蒜醬	1大匙
鹽和新鮮研磨的黑胡椒粉	
巴馬乾酪屑（佐餐用）	

② 加入蕃茄和蔬菜高湯，煮滾後調至小火，加蓋並加熱15分鐘。

③ 加入白豆和香蒜醬，用鹽和黑胡椒粉調味，加熱5分鐘。將湯倒入預熱的湯碗，撒入乾酪屑後即可享用。

① 在鍋中先將油加熱，放入芹菜、青蒜、胡蘿蔔和大蒜，用小火加熱5分鐘，至蔬菜變軟即可。

烹飪小提示

可添加蔬菜的種類來豐富材料，例如在最後五分鐘的時候，可以放入節瓜片或甘藍菜絲。也可以根據個人喜好加入義大利麵，注意須與蕃茄同時加入，因為麵需要10到15分鐘的時間加熱。

加勒比海蔬菜湯 *Caribbean Vegetable Soup*

這道蔬菜湯清新可口，又有飽足感，是午餐的好選擇。

材料（4人份）

奶油或乳瑪琳	2大匙
洋蔥（切碎）	1個
大蒜（搗碎）	1瓣
胡蘿蔔（切片）	2個
蔬菜高湯	$6\frac{1}{4}$杯
月桂葉	2片
新鮮百里香	2枝
芹菜（切碎）	1根
綠香蕉（去皮，切成4份）	2個
山藥或芋頭（去皮，切成小塊）	175克
紅色小扁豆	2大匙
佛手瓜（去皮切塊）	1個
通心粉	2大匙
鹽和新鮮研磨的黑胡椒粉	
碎香蔥（裝飾用）	

烹飪小提示

白甘薯和芋頭可用其他根莖類蔬菜代替，還可添加高湯來稀釋濃度。

❶ 先將奶油或乳瑪琳在鍋中加熱溶化，放入洋蔥、大蒜和胡蘿蔔煎煮至開始變軟，要適時攪拌。再加入高湯、月桂葉和百里香，煮至沸騰。

❷ 加入芹菜、綠香蕉、山藥或芋頭和小扁豆，如有需要還可加入佛手瓜和通心粉，調味後再煮25分鐘，至蔬菜全部煮熟即可，享用時飾以香蔥。

義大利麵湯 *Chunky Pasta Soup*

在法式麵包片上塗上香蒜醬，搭配這道營養豐富的主菜湯，美味又可口。

材料（4人份）

乾製四季豆和扁豆（浸泡整夜）	$\frac{1}{2}$杯
水	5杯
油	1大匙
洋蔥（切碎）	1個
芹菜（切片）	2根
大蒜（搗碎）	2至3瓣
青蒜（切片）	2個
蔬菜高湯塊	1塊
罐裝柿子椒	400克
蕃茄醬	3至4大匙
義大利麵	115克
法式麵包	4片
香蒜醬	1大匙
玉米筍（對半切開）	1杯
青花菜和白花椰菜	各50克
塔巴斯哥辣醬	
鹽和新鮮研磨的黑胡椒粉	

1 將四季豆和扁豆瀝乾後放入鍋中，加水滾煮1小時或煮至豆子軟嫩。

2 在等待四季豆和扁豆煮好時，在平底鍋中將油加熱，放入洋蔥、芹菜、大蒜和青蒜，煎2分鐘後加入高湯塊、四季豆和扁豆，以及約2$\frac{1}{2}$杯的湯汁，然後加蓋煮10分鐘。

3 同時，用攪拌器將柿子椒製成泥狀，放入鍋中，再加入蕃茄醬和義大利麵，約煮15分鐘，再將烤箱預熱至200度。

4 同時，在法式麵包上塗香蒜醬，烤10分鐘至軟脆即可。

5 義大利麵煮好後，放入玉米筍、青花菜、白花椰菜和塔巴斯哥辣醬，用鹽和黑胡椒粉調味，再加熱2到3分鐘。最後佐以香蒜烤麵包即可享用。

日本碎豆腐湯 *Japanese Crushed Tofu Soup*

碎豆腐是這道湯的主要材料,營養美味,口感極佳。

材料（4人份）

新鮮豆腐	去水重量150克
乾製什塔克菇（花菇）	2個
牛蒡	50克
米醋	1小匙
蒟蒻	115克
芝麻油	2大匙
白蘿蔔（切片）	115克
胡蘿蔔（切片）	50克
昆布魚和金槍魚高湯或即食魚湯	3杯
鹽	
日本清酒或乾白酒	2大匙
米霖酒	1½小匙
日本味噌醬	3大匙
醬油	
荷蘭豆（修剪,煮熟並切絲裝飾用）	6個

❶ 用手將豆腐剝碎,但是不要過碎。

❷ 用茶巾將豆腐包住,放在篩網上,淋上大量開水,再放置10分鐘,待其充分瀝乾。

❸ 將什塔克菇（花菇）在溫水裡浸泡20分鐘,瀝乾後去掉柄部,再切成4到6份。

❹ 將牛蒡削皮並切成薄片,放入冷水浸泡5分鐘,水中要加入米醋以去掉苦感。

❺ 將牛蒡放入小煮鍋中,加水煮至沸騰,再瀝乾並冷卻,然後用手將其撕成2公分大小的塊狀（用刀切會吸入異味）。

❻ 在鍋中先將芝麻油加熱,加入什塔克菇（花菇）、牛蒡、白蘿蔔、胡蘿蔔和蒟蒻,炒1分鐘後再放入豆腐,要充分攪拌。

❼ 倒入高湯或即食魚湯,加入鹽、米霖酒、日本清酒或乾白酒,煮滾後撈掉湯面上的浮渣再煮5分鐘。

❽ 用少量湯汁將味噌醬稀釋,再倒入鍋中用小火加熱10分鐘至蔬菜變軟,最後加入醬油,再飾以荷蘭豆細絲即可,請立即享用。

熱那亞濃菜湯 *Genoese Minestrone*

在熱那亞，拌有香蒜醬的蔬菜濃湯非常普遍，豐富多樣的蔬菜、香濃醉人的味道，配以麵包享用，無疑是素湯中的完美選擇。

材料（4～6人份）

橄欖油	3大匙
洋蔥（切碎）	1個
芹菜（切碎）	2根
大胡蘿蔔（切碎）	1個
四季豆（切5公分長段）	150克
節瓜（切片）	1個
馬鈴薯（切成1公分大小的塊狀）	1個
皺葉甘藍（切絲）	$\frac{1}{4}$個
小茄子（切成1公分大小的塊狀）	1個
罐裝白豆（瀝乾並洗淨）	200克
義大利櫻桃蕃茄（切碎）	2個
蔬菜高湯	5杯
義大利麵條或米粉	90克
鹽和新鮮研磨的黑胡椒粉	

香蒜醬材料

新鮮羅勒葉	約20片
大蒜	1瓣
松子	2小匙
新鮮研磨的巴馬乾酪	1大匙
新鮮研磨的佩克里諾（Pecorino）乳酪	1大匙
橄欖油	2大匙

❶ 在鍋中先將油加熱，放入洋蔥、芹菜和胡蘿蔔，用小火加熱5到7分鐘，要不時攪拌。

❷ 放入四季豆、節瓜、馬鈴薯和皺葉甘藍，用中火炒3分鐘，再放入茄子、白豆和櫻桃蕃茄，炒2到3分鐘。

❸ 倒入高湯並用鹽和黑胡椒粉調味，煮滾後調低火溫，再加蓋煮40分鐘，要適時攪拌。

❹ 同時將香蒜醬的材料全部放入食品加工器中，攪拌成均勻醬汁，如果過稠，可加入1至3大匙的水。

❺ 將義大利麵條放入湯中煮5分鐘，要不時攪拌，再加入香蒜醬攪均，然後煮2到3分鐘，至義大利麵條軟硬適中，即可倒入預熱的湯碗中趁熱享用。

素 夏日蔬菜濃湯 *Summer Minestrone*

這道湯品色澤清雅、口感清新，夏季時蔬的鮮嫩和美味在這裡展現得淋漓盡致。

材料（4人份）	
橄欖油	3大匙
大洋蔥（切碎）	1個
蕃茄醬	1大匙
熟透的義大利櫻桃蕃茄（去皮並切碎）	450克
節瓜（大致切碎）	225克
馬鈴薯（切丁）	3個
大蒜（搗碎）	2瓣
蔬菜高湯或水	5杯
新鮮碎羅勒	4大匙
研磨的巴馬乾酪	⅔杯
鹽和新鮮研磨的黑胡椒粉	

❶ 在鍋中先將油加熱，再加入洋蔥，用小火輕煎5分鐘至洋蔥變軟即可，須一直攪拌。

❸ 倒入蔬菜高湯或水，煮滾後調至小火並半蓋鍋蓋加熱15分鐘，至蔬菜軟嫩即可，可按需要添加高湯或水。

❷ 放入蕃茄醬、櫻桃蕃茄、節瓜、馬鈴薯和大蒜，不加蓋用小火加熱10分鐘，須不時晃動鍋身以防黏鍋。

❹ 關火後，加入碎羅勒和一半量的乾酪，再用鹽和黑胡椒粉調味，最後再撒上剩餘的乾酪，趁熱享用。

海鮮叻沙 *Seafood Laksa*

這道米粉湯用嫩滑的米粉、微辣的椰味高湯和海鮮製成，準備工作繁多，建議可以提前將湯底製好。

材料（4人份）

新鮮紅辣椒（去籽，大致切碎）	4個
洋蔥（大致切碎）	1個
乾蝦醬	高湯塊大小
檸檬草梗（切碎）	1枝
鮮薑（去皮，大致切碎）	1小塊
澳洲堅果或杏仁	6個
植物油	4大匙
辣椒粉	1小匙
黃薑粉	1小匙
魚高湯	2杯
椰奶	$2\frac{1}{2}$杯
魚露（調味用）	
明蝦（去殼，去腸線）	12隻
扇貝	8個
精製墨魚（切圈）	225克
米粉（溫水浸泡至軟）	350克
鹽和新鮮研磨的黑胡椒粉	
萊姆半個（佐餐用）	

裝飾配菜

黃瓜（切細條）	$\frac{1}{4}$個
新鮮紅辣椒（去籽並切絲）	2個
薄荷葉	2大匙
炸青蔥或炸洋蔥	2大匙

❶ 將紅辣椒、洋蔥、乾蝦醬、檸檬草、鮮薑和堅果放入食品加工器或攪拌器中攪拌均勻。

❷ 在鍋中將3大匙的油加熱，放入攪勻的辣椒醬炒6分鐘，再加入辣椒粉和黃薑粉炒2分鐘。

❸ 倒入魚高湯和椰奶，煮滾後調至小火，加熱15到20分鐘，再用魚露調味。

❹ 用鹽和黑胡椒粉將明蝦、扇貝和墨魚調味，並用剩餘的油將其煎熟。

❺ 放入米粉，煮熟後取出分置於湯碗中，再放上海鮮，然後飾以黃瓜、紅辣椒、薄荷葉和炸青蔥或炸洋蔥，再佐以萊姆即可享用。

蛤蜊義大利麵湯 *Clam and Pasta Soup*

這道湯是義大利麵食的一種，選用的多半是家中常備的一些材料，配上義式香餅或拖鞋麵包，輕鬆隨意，是在家中和朋友小聚時用餐的好選擇。

材料（4人份）

橄欖油	2大匙
大洋蔥（切碎）	1個
大蒜（搗碎）	2瓣
罐裝碎蕃茄	400克
蕃茄醬	1大匙
砂糖	1小匙
義大利香料	1小匙
魚高湯或蔬菜高湯	3杯
紅葡萄酒	$\frac{2}{3}$杯
義大利麵	$\frac{1}{2}$杯
罐裝原汁蛤蜊	150克
新鮮碎巴西利	2大匙
巴西利葉（裝飾用）	
鹽和新鮮研磨的黑胡椒粉	

❶ 在鍋中先將油加熱，放入洋蔥，用小火輕煎5分鐘至洋蔥變軟即可，須一直攪拌。

❷ 加入大蒜、蕃茄、蕃茄醬、糖、香草、魚高湯和紅酒，再用鹽和黑胡椒粉調味，煮滾後調低火溫，半蓋鍋蓋煮10分鐘，須適時攪拌。

❸ 加入義大利麵，不加蓋繼續煮10分鐘至軟硬適中，要適時攪拌，以防麵黏在一起。

❹ 加入蛤蜊及原汁，加熱3到4分鐘，注意不要煮滾，否則蛤蜊會變硬，關火後，加入碎巴西利並調味，最後撒上黑胡椒粉，再飾以巴西利葉即可享用。

蕃茄鮮蝦什錦燴飯 *Shrimp Creole*

草蝦、蔬菜和卡宴辣椒的結合，造就了這道湯的美味和獨特。

材料（4人份）	
帶殼草蝦（含蝦頭）	675克
水	2杯
橄欖油或植物油	3大匙
洋蔥（切碎）	$1\frac{1}{2}$杯
芹菜（切碎）	$\frac{1}{2}$杯
青椒（切碎）	$\frac{1}{2}$杯
新鮮碎巴西利	$\frac{1}{2}$杯
大蒜（搗碎）	1瓣
伍斯特郡辣椒醬	1大匙
卡宴辣椒	$\frac{1}{4}$小匙
乾白酒	$\frac{1}{2}$杯
櫻桃蕃茄（去皮，切碎）	1杯
鹽	1小匙
月桂葉	1片
糖	1小匙
新鮮巴西利（裝飾用）	
熟米（佐餐用）	

4 調至中火，倒入乾白酒燜3到4分鐘，再加入蕃茄、保留的蝦湯汁、鹽、月桂葉和糖，煮滾後調至小火燜30分鐘，直到蕃茄散開且湯有所減少即可，關火後稍做冷卻。

5 丟掉月桂葉，將醬汁倒入食品加工器或攪拌器，攪拌均勻後稍做調味。

6 將蕃茄醬倒回鍋中，煮滾後加入草蝦燜4到5分鐘，直到蝦子變成粉紅色，再將湯舀至湯碗中，飾以新鮮巴西利，再佐以熟米即可享用。

1 去掉草蝦的腸線，保留頭部和蝦殼，再將草蝦放入碗中，加蓋置於冰箱。

2 將蝦頭和蝦殼放入平底鍋，加水煮滾後燜15分鐘，然後瀝乾並保留$1\frac{1}{2}$杯的湯汁。

3 在鍋中將油加熱，放入洋蔥，用小火煎8到10分鐘至洋蔥變軟，再放入芹菜和青椒加熱5分鐘，然後加入巴西利、大蒜、伍斯特郡辣椒醬和卡宴辣椒，再加熱5分鐘。

鮮奶魚肉濃湯 *Creamy Fish Chowder*

無論選用的是牛奶還是奶油，這都是一道從未讓人失望的傳統湯品。

材料（4人份）	
厚片培根	3片
大洋蔥	1個
馬鈴薯（切塊）	675克
魚高湯	4杯
去皮黑線鱈（切成2.5公分大小的塊狀）	450克
新鮮碎巴西利	2大匙
剪短的細香蔥	1大匙
鮮奶油或全脂牛奶	$1\frac{1}{4}$杯
鹽和新鮮研磨的黑胡椒粉	

❶ 去掉培根片的皮，將其切成小片。將洋蔥切碎，再將馬鈴薯切成2公分大小的塊狀。

❷ 在鍋中輕煎培根片至脂肪溶化，放入洋蔥、馬鈴薯，用小火加熱約10分鐘。

❺ 加入奶油或牛奶，再次加熱，但不要煮滾，調味後請即刻享用。

❸ 將過量的油脂倒出，再倒入魚高湯，煮滾後燜15到20分鐘，至蔬菜軟嫩即可。

❹ 放入黑線鱈塊、巴西利和細香蔥燜3到4分鐘，至魚肉剛煮熟即可。

烹飪小提示

用鱈魚片代替黑線鱈塊是不錯的選擇，也可以選用燻鱈魚讓湯味更濃烈。

馬賽魚湯 *Bouillabaisse*

這道著名的地中海式魚湯,源自法國南部的馬塞,它選用豐富的魚貝,色彩鮮亮,更漫溢著蕃茄、番紅花和鮮橙的香氣。

材料(4~6人份)

材料	份量
魚類和貝類(例如紅鯔、海魴、紅鯛、牙鱈、大草蝦和蛤蜊)	1500克
蕃茄	225克
番紅花	
橄欖油	6大匙
洋蔥(切片)	1個
青蒜(切片)	1個
芹菜(切片)	1根
大蒜(搗碎)	2瓣
調味香料	1包
橙皮	1片
茴香籽	$\frac{1}{2}$小匙
蕃茄醬	1大匙
香草茴香酒	2小匙
鹽和新鮮研磨的黑胡椒粉	
法式麵包(佐餐用)	4至6厚片
新鮮碎巴西利(佐餐用)	3大匙

❶ 將魚的頭、尾和鰭部切掉並放入大平底鍋中,加入5杯的水,煮滾後再煮15分鐘,然後瀝乾並保留湯汁。

❷ 將魚肉切塊。用開水川燙蕃茄,再放入冷水中冷卻,然後去皮並大致切碎。將番紅花放入1至2大匙的熱水中浸泡。

❸ 在平底鍋中將油加熱,放入洋蔥、青蒜和芹菜,煎軟後再放入大蒜、調味香料包、橙皮、茴香籽、切碎的蕃茄、番紅花及其浸液,再倒入保留的魚高湯,並用鹽和黑胡椒粉調味,煮滾後再煮30到40分鐘。

❹ 先放入貝類滾煮6分鐘,再放入魚塊煮6到8分鐘,然後用漏勺將魚塊取出,放入預熱的淺盤。

❺ 將湯煮滾,倒入蕃茄醬和綠茴香酒,然後調味。用長柄勺將湯舀至預熱的湯碗中,撒上碎巴西利,再佐以法式麵包即可享用。

烹飪小提示

番紅花的每朵花僅有三根雄蕊柱頭可以食用,而且必須人工採摘,因此被稱為世上最珍貴的調味品。然而它風味獨特、不可替代,是料理傳統魚羹時不可或缺的材料。

普羅旺斯義大利麵魚湯 *Provencal Fish Soup with Pasta*

這道湯品色彩繽紛，充分顯現地中海風情，最適合在豐盛的午餐中做為主菜享用。

材料（4人份）

橄欖油	2大匙
洋蔥（切片）	1個
大蒜（搗碎）	1瓣
青蒜（切片）	1個
水	4杯
罐裝碎蕃茄	225克
地中海香草	
番紅花絲（自選）	$\frac{1}{4}$小匙
義大利麵	115克
帶殼淡菜	8個
白色或銀灰色的魚（去骨，去皮，切薄片，例如鱈魚、歐鰈）	450克
鹽和新鮮研磨的黑胡椒粉	

大蒜辣椒醬材料

大蒜（搗碎）	2瓣
罐裝紅甜椒（瀝乾並切碎）	
新鮮白麵包屑	1大匙
美乃滋	4大匙
法國麵包（佐餐用）	

1 在鍋中先將油加熱，放入洋蔥、大蒜和青蒜，加蓋用小火煮5分鐘至蔬菜變軟即可，須適時攪拌。

2 加入水、蕃茄、香草、番紅花和義大利麵，調味後煮15到20分鐘。

3 淡菜洗淨並去鬚，輕輕敲打，丟棄不新鮮的淡菜。

4 將魚切成小塊後放入湯中，再放入淡菜煮5到10分鐘，至魚肉煮熟且淡菜殼張開即可。

5 製做大蒜辣椒醬時，將大蒜、紅椒、麵包屑放入研缽中搗碎，或放入食品加工器中攪拌，再加入美乃滋並調味。

6 將大蒜辣椒醬塗在法國麵包上，用來佐餐。

漁夫湯 _Fisherman's Soup_

這道湯品中，培根和魚肉的組合的確有其美妙之處。

材料（4人份）

燻培根（切條）	6片
奶油	1大匙
大洋蔥（切碎）	
大蒜（切碎）	1瓣
新鮮碎巴西利	2大匙
新鮮百里香1小匙或乾百里香$\frac{1}{2}$小匙	
蕃茄（去皮，去籽並切碎）	450克
苦艾酒或白葡萄酒	$\frac{2}{3}$杯
魚高湯	2杯
馬鈴薯（切丁）	300克
去皮白魚片（切成大塊）	680至900克
鹽和新鮮研磨的黑胡椒粉	
新鮮巴西利（裝飾用）	

1 在鍋中用中火輕煎培根片，稍稍變色後取出，並用吸油紙去油。

2 加入奶油和洋蔥，加熱3到5分鐘並適時攪拌，至軟即可。接著放入大蒜和香草，加熱1分鐘後，再放入蕃茄、苦艾酒或白葡萄酒，以及魚高湯並煮至沸騰。

3 調低火溫，加蓋煮15分鐘，放入馬鈴薯，再加蓋煮10到12分鐘，至馬鈴薯接近軟嫩。

烹飪小提示

冬季生產的蕃茄不夠鮮美，可用罐裝碎蕃茄代替，雖然味道可能略有不同，但仍不失美味。

4 加入魚塊和燻培根條，不加蓋煮5分鐘，至魚肉剛剛煮熟且馬鈴薯軟嫩，享用時稍做調味，再飾以巴西利即可。

貝殼麵玉米濃湯 Corn Chowder with Conchigliette

這道湯品用甜玉米粒搭配燻火雞和貝殼麵，帶來無盡的愜意和滿足，非常適合家庭或朋友來訪用餐時料理。

材料（6～8人份）

材料	份量
小青椒	1個
馬鈴薯（切丁）	450克
罐裝或冷凍甜玉米粒	2杯
洋蔥（切碎）	1個
芹菜（切碎）	1根
調味香料	1包
雞湯	$2\frac{1}{2}$杯
脫脂牛奶	$1\frac{1}{4}$杯
義式貝殼麵	50克
油	
燻火雞片（切丁）	150克
鹽和新鮮研磨的黑胡椒粉	
麵包棒（佐餐用）	

3 加入牛奶、鹽和黑胡椒粉，將一半量的湯倒入食品加工器或攪拌器，攪拌後倒回鍋中，再放入貝殼麵煮10分鐘，至軟硬適中即可。

4 在平底鍋中將油加熱，放入燻火雞，煎2到3分鐘後再將燻火雞加入湯中，最後佐以麵包棒即可享用。

1 將青椒去籽並切丁，用開水浸泡2分鐘，再瀝乾並洗淨。

2 將馬鈴薯、甜玉米、洋蔥、芹菜、青椒和調味香料放入鍋中，再倒入雞湯，煮滾後加蓋煮20分鐘，至蔬菜軟嫩即可。

泰式雞肉麵湯 *Thai Chicken and Noodle Soup*

這道湯品獨特並巧妙地利用了大蒜、椰肉、檸檬、花生、芫荽和紅辣椒，呈現泰式料理的美味和泰式風情。

材料（4人份）

植物油	1大匙
大蒜（切碎）	1瓣
175克去皮去骨雞胸肉（切小塊）	2塊
黃薑粉	$\frac{1}{2}$小匙
紅辣椒粉	$\frac{1}{4}$小匙
椰油	$\frac{1}{2}$杯
熱雞湯	$3\frac{3}{4}$杯
檸檬汁或萊姆汁	2大匙
脆花生醬	2大匙
雞蛋麵	1杯
碎香蔥	1大匙
新鮮碎芫荽	1大匙
鹽和新鮮研磨的黑胡椒粉	
椰子粉和切碎的新鮮紅辣椒（裝飾用）	

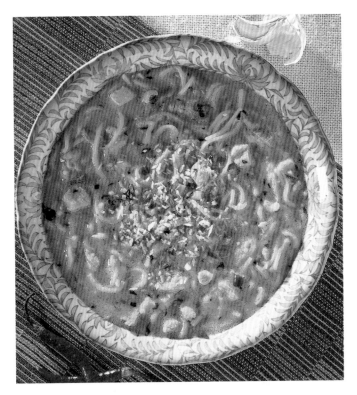

❶ 在鍋中先將油加熱，放入大蒜，煎1分鐘至大蒜呈金黃色後，放入雞肉、黃薑粉和辣椒粉，炒3到4分鐘。

❷ 將椰油弄碎放入熱雞湯中，攪至溶化後，澆在雞肉上，然後加入檸檬汁或萊姆汁、花生醬和雞蛋麵。

❸ 加蓋煮15分鐘後放入香蔥和芫荽，再用鹽和新鮮研磨的黑胡椒粉調味，然後調至小火再加熱5分鐘。

❹ 同時，在另一小煎鍋中放入椰子粉和紅辣椒，煎2到3分鐘，直至椰子粉呈淡褐色，須不時攪拌。享用時，將湯倒入湯碗中，撒上煎好的椰子粉和紅辣椒即可。

蕃茄佛手雞肉湯 Chicken, Tomato and Chaoyote Soup

佛手瓜法文名叫（Christophene），是一種中心有籽，類似葫蘆的瓜類，它在拉丁美洲是一種很受歡迎的烹調材料。

材料（4人份）

材料	份量
去皮去骨雞胸肉（切丁）	225克
大蒜（搗碎）	1瓣
新鮮研磨的肉豆蔻粉	
奶油或乳瑪琳	2大匙
洋蔥（切碎）	$\frac{1}{2}$個
蕃茄醬	1大匙
罐裝蕃茄（攪碎）	400克
雞湯	5杯
新鮮紅辣椒（去籽並切碎）	1個
佛手瓜（去皮並切丁）	350克
乾製牛至草	1小匙
乾製百里香	$\frac{1}{2}$小匙
燻製黑線鱈魚片（去皮並切丁）	50克
鹽和新鮮研磨的黑胡椒粉	
新鮮並剪短的細香蔥（裝飾用）	

① 將雞肉切丁並放入碗中，加入鹽、黑胡椒粉、大蒜和肉豆蔻粉調味，充分攪拌後放置30分鐘。

② 在鍋中將奶油或乳瑪琳加熱溶化，放入雞肉，用中火輕煎5到6分鐘，再放入洋蔥輕煎5分鐘，至洋蔥稍稍變軟即可。

③ 放入蕃茄醬、蕃茄、紅辣椒、佛手瓜，再倒入雞湯並加入牛至草、百里香，煮滾後調至小火，加蓋煮35分鐘，至佛手變軟嫩。

④ 加入燻魚後再煮5分鐘，至魚肉熟透即可。調味後將湯倒入預熱的湯碗中，飾以細香蔥，便可趁熱享用。

雞塊湯 *Chunky Chicken Soup*

這道蔬菜雞肉湯最適合搭配蒜香煎麵包享用。

材料（4人份）

去皮去骨雞腿	4支
奶油	1大匙
小青蒜（切碎）	2個
長米	2大匙
雞湯	$3\frac{3}{4}$杯
新鮮碎巴西利和薄荷	1大匙
鹽和新鮮研磨的黑胡椒粉	

蒜香煎麵包材料

橄欖油	2大匙
大蒜（搗碎）	1瓣
麵包片（切成小塊）	4片

❶ 將雞肉切成1公分的塊狀，在鍋中將奶油加熱溶化，接著放入青蒜，待青蒜軟嫩後加入長米和雞肉，烹製2分鐘。

❷ 倒入雞湯，加蓋並調至小火，煮15到20分鐘至長米和雞肉變軟嫩。

❸ 製做蒜香煎麵包時，先在煎鍋中將油加熱，再放入大蒜和麵包塊，煎至麵包呈現金褐色，須不停攪拌以防焦糊，然後將麵包放到吸油紙上去油，再撒上少許鹽即可。

❹ 最後將巴西利和薄荷放入湯中，調味後佐以蒜香煎麵包即可享用。

湯麵 *Noodles in Soup*

在中國，湯麵比炒麵更受歡迎，只要掌握了基本的烹製方法後，就可以嘗試用不同的配料搭配。

材料（4人份）

雞胸肉片、豬肉片或各類熟肉	225克
什塔菇（花菇，浸泡）	3至4個
罐裝竹筍片（瀝乾）	115克
菠菜葉、萵苣心或甘藍	115克
香蔥	2根
乾雞蛋麵	350克
高湯	2½杯
植物油	2大匙
鹽	1小匙
紅糖	½小匙
醬油	1大匙
中國米酒或乾雪利酒	2小匙
芝麻油	
紅辣椒醬（佐餐用）	

2 將雞蛋麵用開水煮熟，瀝乾並用冷水沖洗，然後放入餐碗中。

3 將高湯煮滾後澆在麵上，保溫放置。

4 在鍋中將油加熱，放入肉絲和一半量的香蔥，炒1分鐘左右。

5 放入蘑菇、竹筍、菜葉，炒1分鐘後放入鹽、紅糖、醬油和米酒或雪利酒，翻炒均勻。

6 將配料澆在麵上，撒上少許芝麻油，再飾以剩餘的香蔥並佐以紅辣椒醬，即可享用。

1 先將肉切成細絲，接著將什塔克菇（花菇）瀝乾，並擠出多餘水分，再切掉其根部，然後將蘑菇、竹筍、菜葉和香蔥全部切成細絲。

清邁麵湯 _Chiang Mai Noodle Soup_

這是一款道地的清邁招牌菜，它源自緬甸，是馬來西亞叻沙的泰式湯款。

材料（4～6人份）

椰奶	2½杯
紅咖哩醬	2大匙
黃薑粉	1小匙
雞腿（去骨，切成小厚塊）	450克
雞湯	2½杯
魚露	4大匙
醬油	1大匙
萊姆汁	半顆
新鮮雞蛋麵（開水澆燙）	450克
鹽和新鮮研磨的黑胡椒粉	

裝飾配菜

香蔥（切碎）	3個
新鮮紅辣椒（切碎）	4個
青蔥（切碎）	4根
醃製芥菜葉（洗淨）	4大匙
煎大蒜片	2大匙
新鮮芫荽葉	

❷ 加入紅咖哩醬和黃薑粉，均勻攪拌，並且加熱至有香氣散出。

❸ 放入雞肉，炒約2分鐘，須讓每塊雞肉都裹上醬汁。

❹ 倒入剩餘的椰奶、雞湯、魚露和醬油，再稍做調味，然後用小火加熱7到10分鐘，關火後再加入萊姆汁。

❺ 將雞蛋麵煮熟並瀝乾，把麵和雞肉放入湯碗，再將湯舀入，並飾以配菜即可享用。

❶ 部分的椰奶倒入鍋中煮沸，用木勺攪拌至椰奶散開。

雞肉米粉湯 *Chicken Soup with Vermicelli*

在摩洛哥，傳統的雞肉米粉湯是選用整隻雞做為材料，這裡，這道湯將它簡化，只選用了特定部位的雞肉。

材料（4~6人份）

葵花籽油	2大匙
奶油	1大匙
洋蔥（切碎）	1個
雞腿2支或雞胸肉2塊（切半或切4份）	
麵粉（灑粉用）	
胡蘿蔔（切成4公分的塊狀）	2個
歐洲防風草（切成4公分的塊狀）	1個
雞湯	$6\frac{1}{4}$杯
肉桂枝	1個
辣椒粉	
番紅花	
蛋黃	2個
檸檬汁	半顆
新鮮碎芫荽	2大匙
新鮮碎巴西利	2大匙
米粉	150克
鹽和新鮮研磨的黑胡椒粉	

❶ 將葵花籽油和奶油放在鍋中加熱，放入洋蔥煎3到4分鐘，至洋蔥變軟即可，接著放入灑有麵粉的雞肉，煎至雞肉呈褐色後，取出並放入盤中。

❷ 加入胡蘿蔔和歐洲防風草，用小火加熱3到4分鐘，並不時攪拌，然後將雞肉放回鍋中，倒入雞湯，放入肉桂枝和辣椒粉，再用鹽和黑胡椒粉調味。

❸ 將湯煮滾後，加蓋再煮1小時，至蔬菜軟嫩。

❹ 同時，將番紅花放入開水中，再用檸檬汁將蛋黃打勻並加入芫荽和巴西利，待番紅花水冷卻後，加入檸檬蛋黃汁。

❺ 蔬菜軟嫩後，將雞肉放回盤中。去掉湯裡多餘的油脂，並稍稍調高火溫，放入米粉煮5到6分鐘，煮軟即可。同時將雞肉去皮去骨，並切成小塊。

❻ 米粉煮熟後，放入雞肉和蛋黃汁，用小火加熱1到2分鐘並不停攪拌，調味後即可享用。

咖哩雞肉湯 *Mulligatawny Soup*

這道湯又被稱做「胡椒水」，於十八世紀末由英國殖民者從印度引進。

材料（4人份）

材料	份量
奶油或橄欖油	4大匙
350克大雞腿	2支
洋蔥（切碎）	1個
胡蘿蔔（切碎）	1個
小蕪菁（切碎）	1個
咖哩粉	1大匙
大蒜	4瓣
黑胡椒粒（壓碎）	6顆
小扁豆	$\frac{1}{4}$杯
雞湯	$3\frac{3}{4}$杯
黃金葡萄乾	$\frac{1}{4}$杯
鹽和新鮮研磨的黑胡椒粉	

❶ 在鍋中將奶油溶化並將油加熱，再放入雞肉煎至呈現褐色，然後取出放入盤中。

❷ 加入洋蔥、胡蘿蔔和蕪菁，加熱並適時攪拌。蔬菜變色後加入咖哩粉、大蒜和黑胡椒粒，加熱1到2分鐘，接著放入小扁豆。

❸ 倒入雞湯，煮滾後加入黃金葡萄乾和雞肉，調至小火並加蓋煮約1小時15分鐘。

烹飪小提示

為了美觀，最好選用紅色的小扁豆，不過綠色和褐色的小扁豆也可以。

❹ 將雞肉從鍋中取出，去掉皮和骨，再切碎並放回湯中再次加熱，調味後即可享用。

煙燻火雞扁豆湯 Smoked Turkey and Lentil Soup

燻火雞與小扁豆的搭配，讓味道顯得更濃烈，再加上幾種美味的蔬菜，便製成了這道可口的主菜湯。

材料（4人份）

奶油	2大匙
大胡蘿蔔（切碎）	1個
洋蔥（切碎）	1個
青蒜（僅需白色部分，切碎）	1個
芹菜（切碎）	1根
蘑菇（切碎）	$1\frac{1}{2}$杯
乾白酒	$\frac{1}{4}$杯
雞湯	5杯
乾製百里香	2小匙
月桂葉	1片
小扁豆	$\frac{1}{2}$杯
燻火雞肉（切丁）	75克
鹽和新鮮研磨的黑胡椒粉	

❶ 在鍋中先將奶油溶化，接著放入胡蘿蔔、洋蔥、青蒜、芹菜和蘑菇，加熱3到5分鐘至蔬菜呈現金黃色。

❷ 加入雞湯和乾白酒，煮滾後撈掉表面的泡沫，再加入百里香和月桂葉，調至小火並加蓋煮30分鐘。

❸ 加入小扁豆，加蓋繼續加熱30到40分鐘，至小扁豆變軟嫩即可，須適時攪拌。

❹ 放入火雞肉，再用鹽和黑胡椒粉調味，加熱後即可倒入湯碗中享用。

蘇格蘭青蒜雞肉湯 *Cock-a-leekie*

這道歷史悠久的傳統湯品於1598年便已聞名於世，最早曾選用牛肉和雞肉做為材料。

材料（4人份）

275克雞肉	2份
雞湯	5杯
調味香料	1包
青蒜	4個
梅乾（浸泡）	8至12個
鹽和新鮮研磨的黑胡椒粉	
麵包（佐餐用）	

① 將雞肉放在鍋中，倒入雞湯，再放入調味香料包，煮滾後調至小火加熱40分鐘。

② 蒜白切成2.5公分的切片，再將蒜葉部分切成薄片。

③ 將部分蒜白和梅乾放入鍋中，用小火加熱20分鐘，再加入蒜葉加熱10到15分鐘。

④ 先將香料包取出並丟掉，再將雞肉取出，去皮去骨後切成小塊放回鍋中，用鹽和黑胡椒粉調味。

⑤ 小火將湯加熱後倒入預熱的湯碗，佐以麵包即可享用。

蘇格蘭羊肉清湯 *Scotch Broth*

這道湯品豐盛實在、驅寒開胃，不管在哪裡都受到人們的歡迎和喜愛。

材料（6人份）

羊頸肉（切成大塊）	900克
水	$7\frac{1}{2}$杯
大洋蔥（切碎）	1個
薏仁	$\frac{1}{4}$杯
調味香料	1包
大胡蘿蔔（切碎）	1個
蕪菁（切碎）	1個
青蒜（切碎）	3個
甘藍菜（切絲）	$\frac{1}{2}$個
鹽和新鮮研磨的黑胡椒粉	
新鮮碎巴西利（裝飾用）	

① 將羊肉放入鍋中，再加入水煮滾，撈掉湯面上的浮渣後放入洋蔥、薏仁和香料包。

② 將湯再次煮滾後調至小火，半蓋鍋蓋煮1小時，再放入胡蘿蔔、蕪菁、青蒜和甘藍菜，煮滾後再半蓋鍋蓋煮35分鐘至蔬菜軟嫩。

③ 將湯面上多餘的油脂除掉，再飾以碎巴西利即可享用。

羊肉南瓜湯 *Lamb, Bean and Pumpkin Soup*

無論多寒冷的季節，只要喝上一口羊肉南瓜湯，就會有滿滿的溫暖和滿足。

材料（4人份）

黑眼豆（浸泡1至2小時）	$\frac{2}{3}$ 杯
羊頸肉（切成中塊）	675克
新鮮百里香1小匙或乾製百里香 $\frac{1}{2}$ 小匙	
月桂葉	2片
高湯或水	5杯
洋蔥（切片）	1個
南瓜（切丁）	225克
黑色小荳蔻	2個
黃薑粉	$1\frac{1}{2}$ 小匙
新鮮碎芫荽	1大匙
葛縷子籽	$\frac{1}{2}$ 小匙
新鮮綠辣椒（去籽切碎）	1個
綠香蕉	2個
胡蘿蔔	1個
鹽和新鮮研磨的黑胡椒粉	

4 加入洋蔥、南瓜、荳蔻、葛縷子籽和綠辣椒，再用鹽和黑胡椒粉調味，然後調至小火，不加蓋再煮15分鐘至蔬菜軟嫩，須適時攪拌。

5 將冷卻後的黑眼豆及其湯汁放入食品加工器或攪拌器，攪拌成均勻的糊狀。

6 將綠香蕉去皮切成厚片，胡蘿蔔切成薄片，放入湯中，再加入黑眼豆泥，並加熱10到12分鐘，至胡蘿蔔變軟嫩，再調味後即可享用。

1 將黑眼豆瀝乾，放入鍋中，並加入水。

2 滾煮10分鐘後調至小火，再加蓋煮40到50分鐘，至黑眼豆變軟嫩，然後冷卻。

3 同時將羊肉放入另一大鍋中，加入百里香、月桂葉、高湯或水，煮滾後調至中火，加蓋煮1小時。

羊肉小扁豆湯 *Lamb and Lentil Soup*

羊肉和小扁豆組合堪稱經典搭配，好好享用羊肉小扁豆湯吧！

材料（4人份）

高湯或水	6¼杯
羊頸肉（切塊）	900克
洋蔥（切碎）	½個
大蒜（搗碎）	1瓣
月桂葉	1片
丁香	1個
新鮮百里香	2枝
馬鈴薯（切成2.5公分的塊狀）	225克
紅色小扁豆	¾杯
鹽和新鮮研磨的黑胡椒粉	
新鮮碎巴西利	

❶ 將5杯的高湯或水倒入鍋中，放入羊肉、洋蔥、大蒜、月桂葉、丁香和百里香，煮滾後約再煮1小時，至羊肉軟嫩即可。

❷ 放入馬鈴薯塊和小扁豆，用鹽和黑胡椒粉調味，倒入剩餘的高湯或水，與蔬菜和羊肉等高即可，如果覺得湯太稠，可適量加些高湯或水。

❸ 加蓋煮25分鐘，至扁豆熟透。適量調味後，飾以碎巴西利即可享用。

烹飪小提示

小扁豆不需提前浸泡，只要清洗乾淨即可。

摩洛哥哈里拉 *Moroccan Harira*

哈里拉是摩洛哥回教齋戒月的傳統湯品，它為日出之後和日落之前進行絕食的回教徒，提供了一道豐盛實在的蔬菜羊肉湯。

材料（4人份）

奶油	2大匙
羊肉（切成1公分大小的塊狀）	225克
洋蔥（切碎）	1個
蕃茄	450克
新鮮碎芫荽	4大匙
新鮮碎巴西利	2大匙
黃薑粉	$\frac{1}{2}$小匙
肉桂粉	$\frac{1}{2}$小匙
紅色小扁豆	$\frac{1}{4}$杯
鷹嘴豆（浸泡整夜）	$\frac{1}{2}$杯
水	$2\frac{1}{2}$杯
小洋蔥或小青蔥（去皮）	4個
湯麵	25克
鹽和新鮮研磨的黑胡椒粉	

裝飾配菜

新鮮碎芫荽

檸檬片

肉桂粉

❷ 用開水川燙蕃茄，冷卻後去皮並切成四份，然後放入鍋中，加入黃薑粉和肉桂粉。

❸ 將小扁豆用冷水沖洗乾淨，再將鷹嘴豆瀝乾，接著全部放入鍋中，倒入水並用鹽和黑胡椒粉調味，煮滾後調至小火，再加熱1小時30分鐘。

❹ 放入小洋蔥或小青蔥，加熱30分鐘後放入湯麵，再煮5分鐘至麵條軟嫩，最後飾以芫荽、檸檬片和肉桂粉即可享用。

❶ 將奶油放入鍋中加熱，再放入羊肉和洋蔥煎5分鐘，須經常攪拌。

菠菜檸檬肉丸湯 *Spinach and Lemon Soup with Meatballs*

這道湯又叫做「Aarshe Saak」，在中東國家非常普遍，而希臘式的料理做法通常不加肉丸，稱為檸檬蛋湯。

材料（6份）

材料	份量
大洋蔥	2個
油	3大匙
黃薑粉	1大匙
對半的黃豌豆	$\frac{1}{2}$ 杯
水	5杯
碎羊肉	225克
菠菜（切碎）	450克
糯米粉	$\frac{1}{2}$ 杯
檸檬汁	約2顆
大蒜（切碎）	1至2瓣
新鮮碎薄荷	2大匙
雞蛋（打勻）	4個
鹽和新鮮研磨的黑胡椒粉	
新鮮薄荷枝（裝飾用）	

3 將糯米粉和1杯的冷水混合攪拌成均勻的麵糊後，緩緩倒入鍋中，須不停攪拌，最後加入檸檬汁，調味後調至小火加熱20分鐘。

4 同時，剩餘的油放入另一平底鍋中加熱，加入大蒜，煎至呈現金黃色後，加入薄荷。

5 煮鍋停止加熱後倒入雞蛋，再撒上煎好的大蒜和薄荷，最後飾以薄荷枝，即可享用。

1 先將2大匙的油在鍋中加熱，將一個洋蔥切碎後放入鍋中，煎至洋蔥呈現金黃色後，加入黃薑粉、豌豆和水，煮滾後再煮20分鐘。

2 將另一個洋蔥放在碗中磨碎，加入羊肉，調味後攪拌均勻，然後用手將其做成胡桃大小的肉丸，再將肉丸小心地放鍋中，煮10分鐘後加入菠菜，再加蓋煮20分鐘。

豆味義大利麵湯 *Bean and Pasta Soup*

這道主菜湯在義大利被稱為蔬菜濃湯，傳統的做法是選用乾製的豆類和大塊的帶骨肉。

材料（4～6人份）

橄欖油	2大匙
義大利鹹肉或去皮培根（切丁）	
	$\frac{2}{3}$杯
洋蔥	1個
胡蘿蔔	1個
芹菜	1根
牛肉高湯	$7\frac{1}{2}$杯
肉桂1枝或肉桂粉少許	
義大利麵（貝殼形狀）	1杯
扁豆（洗淨並瀝乾）	400克
熟製火腿（切丁）	225克
鹽和新鮮研磨的黑胡椒粉	
巴馬乾酪屑（佐餐用）	

① 將油在鍋中先加熱，放入義大利鹹肉或培根，煎至稍稍變色，再將洋蔥、胡蘿蔔和芹菜切碎並放入鍋中，須不時攪拌，加熱10分鐘至其變色即可。接著倒入高湯，再加入肉桂枝、鹽和黑胡椒粉調味，煮滾後調至小火，加蓋煮15到20分鐘。

② 放入義大利麵並不停攪拌，煮滾後調小火再煮5分鐘，放入扁豆和火腿，煮2到3分鐘，至義大利麵軟硬適中即可。

③ 將肉桂枝取出，稍做調味後倒入預熱的湯碗中，再撒上巴馬乾酪屑即可享用。

參考做法

可依個人喜好，用義大利實心細麵條或寬麵條代替貝殼形義大利麵，或用白豆代替扁豆，還可以嘗試跟扁豆一起加入1大匙的蕃茄醬。

培根小扁豆湯 *Bacon and Lentil Soup*

享受這道湯品時，可以搭配脆皮麵包塊一起享用，美味十足。

材料（4人份）

材料	份量
培根（切塊）	450克
洋蔥（大致切碎）	1個
小蕪菁（大致切碎）	1個
芹菜（切碎）	1根
馬鈴薯（大致切碎）	1個
胡蘿蔔（切片）	1個
小扁豆	$\frac{1}{2}$杯
調味香料	1包
新鮮研磨的黑胡椒粉	
新鮮巴西利（裝飾用）	

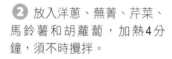

❶ 將培根放入平底鍋中，加熱幾分鐘至脂肪溶化。

❷ 放入洋蔥、蕪菁、芹菜、馬鈴薯和胡蘿蔔，加熱4分鐘，須不時攪拌。

❸ 放入小扁豆、香料包、鹽和黑胡椒粉，再倒入水，水的位置不超過扁豆。煮滾後再煮1小時至小扁豆軟嫩即可。享用時，倒入預熱的湯碗中，再飾以新鮮巴西利。

四川泡菜豬肉麵湯 *Noodle Soup with Pork and Szechuan Pickle*

這道麵湯搭配可口開胃的四川泡菜，即成了一道豐盛的主餐。

材料（4人份）

雞湯	4杯
雞蛋麵	350克
蝦米（浸泡）	1大匙
植物油	2大匙
瘦豬肉（切絲）	225克
黃豆醬	1大匙
醬油	1大匙
四川辣泡菜（沖洗瀝乾並切絲）	115克
糖	
香蔥（切碎，裝飾用）	2根

❶ 在鍋中將雞湯煮滾，放入麵煮至軟嫩，再將麵瀝乾。將蝦米用冷水洗淨並瀝乾，放入鍋中，調低火溫煮1到2分鐘。

❷ 在煎鍋中將油加熱，放入豬肉絲，用大火炒3分鐘。

❸ 加入黃豆醬和醬油，翻炒1分鐘後放入泡菜，加少許糖，再炒1分鐘即可。

❹ 將麵分置在湯碗中，再加上豬肉，然後飾以香蔥即可。

加里西亞清湯 *Galician Broth*

天氣寒冷時，這道用大塊肉塊和馬鈴薯燉煮的湯，既可驅寒又可果腹，也可以添加洋蔥皮增味，但注意要與火腿同時放入，享用前再把洋蔥皮取出即可。

材料（4人份）

醃豬腿	450克
月桂葉	2片
洋蔥（切片）	2個
冷水	6$\frac{1}{4}$杯
辣椒粉	2小匙
馬鈴薯（切成大塊）	675克
甘藍菜	225克
罐裝扁豆或白豆（瀝乾）	400克
鹽和新鮮研磨的黑胡椒粉	

❶ 先將醃豬腿放在冷水中浸泡一晚，瀝乾後放入鍋中，再放入月桂葉和洋蔥，倒入水。

❷ 煮滾後調至小火，再加熱約30分鐘，但不要煮至沸騰。

❸ 將醃豬腿取出並保留湯汁，冷卻後去掉皮和脂肪並切成小塊，再放回鍋中，加入辣椒粉和馬鈴薯，然後加蓋煮20分鐘。

❹ 將甘藍菜去心，再卷起菜葉切成細絲，然後與扁豆或白豆一起放入鍋中，煮大約10分鐘後用鹽和現磨的黑胡椒粉調味即可。請趁熱享用。

烹飪小提示

嘗試用燻豬肉代替醃豬腿，會有特別的骨香。

205

海鮮香腸濃湯 *Seafood and Sausage Gumbo*

濃湯雖然是湯，但通常搭配米飯之後即可做為主菜享用。

材料（10～12人份）

材料	份量
帶殼草蝦	1500克
水	$6\frac{1}{4}$ 杯
中等大小的洋蔥（兩個切成4份）	4個
月桂葉	4片
植物油	$\frac{3}{4}$ 杯
中筋麵粉	1杯
奶油或乳瑪琳	5大匙
青椒（去籽並切碎）	2個
芹菜（切碎）	4根
波蘭香腸或辣燻腸（切成1公分的切片）	675克
新鮮秋葵（切成1公分的切片）	450克
大蒜（搗碎）	3瓣
新鮮或乾百里香葉	$\frac{1}{2}$ 小匙
鹽	2小匙
新鮮研磨的黑胡椒粉	$\frac{1}{2}$ 小匙
白胡椒	$\frac{1}{2}$ 小匙
卡宴辣椒	1小匙
辣椒醬（自選）	2大匙
新鮮或罐裝櫻桃蕃茄（切碎去皮）	2杯
新鮮蟹肉	450克
熟米（佐餐用）	

❶ 將蝦去殼及腸線，保留蝦頭和蝦殼，並將蝦加蓋，冷凍起來待用。

❷ 將蝦頭和蝦殼放入鍋中，加入水、青椒塊和一片月桂葉，煮滾後，半蓋鍋蓋煮20分鐘，然後過濾。

❸ 製作麵糊時，先將油在煎鍋中加熱，再少量分次地加入麵粉，攪至均勻的糊狀。

❹ 用中火加熱25到40分鐘，至麵糊呈現花生醬色，須經常攪拌，關火後繼續攪拌至麵糊冷卻即可。

❺ 將奶油或乳瑪琳在鍋中溶化，接著放入剩餘的碎洋蔥、芹菜和卡宴辣椒，用中火加熱6到8分鐘至洋蔥變軟，須適時攪拌。

❻ 放入香腸，加熱5分鐘並充分攪勻，加入秋葵和大蒜，加熱至秋葵沒有汁液流出即可。

❼ 放入另一片月桂葉、百里香、鹽、白胡椒、卡宴辣椒和辣椒醬，攪勻後倒入6杯的蝦湯汁，再加入蕃茄，煮滾後調至小火，半蓋鍋蓋再煮約20分鐘。

❽ 加入麵糊後調大火並充分攪拌，煮滾後調小火，不加蓋煮40到45分鐘，須適時攪拌。

❾ 最後放入蝦和蟹肉，煮3到4分鐘至蝦變成粉紅色即可。

❿ 享用時，先將熟米放入湯碗中，再舀入濃湯。

綠香草濃湯 *Green Herb Gumbo*

這道湯品通常在四旬齋（指復活節前的40天）即將到來前烹製，是傳統的齋節湯，帶來歡愉振奮的氣氛。芳草的種類一定要齊全，買不到的材料一定要找相應的品種代替。

材料（6～8人份）	
燻火腿	350克
豬油或蔬菜油	2大匙
大西班牙洋蔥（大致切碎）	1個
大蒜（搗碎）	2至3瓣
乾牛至草	1小匙
乾百里香	1小匙
月桂葉	2片
丁香	2個
芹菜（切片）	2根
青椒（去籽並切碎）	1個
中等大小的甘藍菜（去心並切絲）	$\frac{1}{2}$個
高湯或水	9杯
青蔥或無頭甘藍（切絲）	200克
醃酸菜（切絲）	200克
菠菜（切絲）	200克
豆瓣菜（切絲）	1把
蔥（切絲）	6根
新鮮碎巴西利	$\frac{1}{2}$杯
五香粉	$\frac{1}{2}$小匙
肉荳蔻（磨碎）	$\frac{1}{4}$個
卡宴辣椒粉	
鹽和新鮮研磨的黑胡椒粉	
微熱的法國麵包或蒜味麵包（佐餐用）	

❶ 將火腿切成碎丁，並將其皮和脂肪部分放入鍋中，加入豬油並加熱，接著放入火腿、洋蔥、大蒜、牛至草和百里香，用中火加熱5分鐘，須適時攪拌。

❷ 放入月桂葉、丁香、芹菜和青椒，用中火加熱2到3分鐘，再放入甘藍菜，倒入高湯或水，煮滾後調至小火煮5分鐘。

❸ 放入無頭甘藍和醃酸菜，煮2分鐘，然後放入菠菜、豆瓣菜和香蔥，煮滾後調低火溫再煮1分鐘，然後放入巴西利，再用五香粉、肉荳蔻、鹽、黑胡椒粉和卡宴辣椒粉調味。

❹ 盡可能取出火腿的脂肪部分，再取出丁香，用長柄勺將湯舀入湯碗，佐以法國麵包或大蒜麵包即可享用。

香草牛肉優格湯 *Beef and Herb Soup with Yogurt*

這道湯在寒冷的季節極受歡迎，可做為主菜湯，是經典的伊朗風味料理。

材料（4人份）

材料	份量
大洋蔥	2個
油	2大匙
黃薑粉	1大匙
黃豌豆	$\frac{1}{2}$杯
水	5杯
碎牛肉	225克
長粒米	1杯
碎巴西利，芫荽和細香蔥	各3大匙
奶油	1大匙
大蒜（切碎）	1瓣
新鮮碎薄荷	4大匙
番紅花（在1大匙的開水中溶解，自選）	2至3絲
鹽和新鮮研磨的黑胡椒粉	
原味優格和圓盤烤麵包（佐餐用）	
新鮮薄荷（裝飾用）	

1. 切碎一個洋蔥放入鍋中，煎至呈現金褐色，再放入黃薑粉、去皮黃豌豆和水，煮滾後調小火煮20分鐘。

2. 將另一個洋蔥放在碗裡磨碎，加入碎牛肉，調味並充分攪拌，用手將其做成核桃大小的肉丸，再小心地將肉丸放入鍋中煮10分鐘。

3. 加入長粒米、巴西利、芫荽和細香蔥，煮30分鐘並經常攪拌，至米變軟嫩即可。

4. 將奶油在一小煎鍋中溶化，放入大蒜，輕煎後再加入薄荷和番紅花。

5. 湯舀至預熱湯碗中，飾以薄荷再佐以烤麵包即可享用。

烹飪小提示

新鮮菠菜也很適合搭配這道湯，只要與巴西利、芫荽和細香蔥一同加入50克的菠菜葉即可。

牛肉麵湯 *Beef Noodle Soup*

給你幸運的家人和朋友端上這道熱氣騰騰的牛肉麵湯吧！這絕對是道地的東方美味。

材料（4人份）

乾製普羅奇尼菇	10克
開水	2/3杯
小蔥	6根
胡蘿蔔	115克
牛排（牛臀肉）	350克
油	2大匙
大蒜（搗碎）	1瓣
薑（去皮並切碎）	2.5公分大小
牛肉高湯	5杯
醬油	3大匙
乾雪利酒	4大匙
雞蛋細麵	75克
菠菜（切絲）	75克
鹽和新鮮研磨的黑胡椒粉	

2 蔥切絲，胡蘿蔔切成5公分的長條狀，牛排的脂肪部分切掉，再切成細長條狀。

5 倒入牛肉高湯，再放入牛肉和普羅奇尼菇（要將浸泡蘑菇的水一同倒入），再加入醬油和雪利酒，用鹽和黑胡椒粉調味，煮滾後加蓋再煮10分鐘。

3 在鍋中先將油加熱，分批放入牛肉，煎至牛肉呈現褐色，然後用漏勺將其取出並放在吸油紙上去油。

6 放入麵條和菠菜，用小火煮5分鐘，至牛肉軟嫩，然後稍做調味即可享用。

1 將普羅奇尼菇弄碎後放入碗中，接著倒入開水，浸泡15分鐘。

4 加入大蒜、薑、蔥和胡蘿蔔，炒3分鐘。

烹飪小提示

乾製的普羅奇尼菇在超市很容易買到，它們的價格看似昂貴，但味道濃烈，每次只需少量即可。

肉末蔬菜清湯 *Vegetable Broth with Ground Beef*

這道湯品具有豐富的材料組合出這道賞心悅目的清湯。

材料（6人份）	
花生油	2大匙
牛肉碎末	115克
大洋蔥（研磨並切碎）	1個
大蒜（搗碎）	1瓣
新鮮紅辣椒（去籽切碎）	1至2個
印尼蝦醬（約1公分大小）	1塊
澳洲堅果3個，或杏仁6個（壓碎）	
胡蘿蔔（磨碎）	1個
紅糖	1小匙
雞湯	4杯
蝦米（在溫水中浸泡10分鐘）	50克
菠菜（切絲）	225克
小甜玉米8根，或罐裝甜玉米粒200克	
大蕃茄（切碎）	1個
檸檬	約$\frac{1}{2}$顆
鹽	

❶ 在鍋中先將油加熱，放入牛肉、洋蔥和大蒜，加熱並攪拌，至牛肉變色即可。

❷ 加入紅辣椒、印尼蝦醬、澳洲堅果或杏仁和胡蘿蔔，再用鹽和紅糖調味。

❸ 倒入高湯，用小火緩緩加熱，煮滾後調低火溫，放入蝦米，並倒入浸泡蝦的水，再煮約10分鐘。

❹ 放入菠菜、甜玉米粒、蕃茄和檸檬汁，煮1到2分鐘即可。注意不要過分加熱，否則會破壞湯的口感和色澤。

烹飪小提示

想品嘗鮮辣的肉末蔬菜清湯，可加入紅辣椒籽。

樹薯牛肉清湯 *Beef Broth with Cassava*

這道湯品豐盛實在，可做為一道菜。白葡萄酒雖不是傳統材料，但讓湯的風味更充實、更鮮美。

材料（4人份）	
牛肉（切塊）	450克
牛肉高湯	5杯
白葡萄酒	$1\frac{1}{4}$ 杯
紅糖	1大匙
洋蔥（切碎）	1個
月桂葉	1片
調味香料	1包
新鮮百里香	1枝
蕃茄醬	1大匙
大胡蘿蔔（切片）	1個
樹薯或山藥（切塊）	275克
菠菜（切碎）	50克
辣椒醬（調味用）	
鹽和新鮮研磨的黑胡椒粉	

① 將牛肉放入鍋中，倒入高湯，再加入白葡萄酒、紅糖、百里香和蕃茄醬，煮滾後再加蓋煮1小時15分鐘。

② 加入胡蘿蔔、樹薯或山藥、菠菜和少許辣椒醬，用鹽和黑胡椒粉調味，再煮15分鐘，至牛肉和蔬菜都變軟嫩即可。

烹飪小提示

可依據個人喜好，用羊肉代替牛肉，或用其他薯類代替樹薯或山藥，如果有需要，可搭配麵條或各種義大利麵來享用這道湯，另外還可以加水來代替白葡萄酒。

 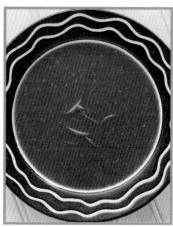 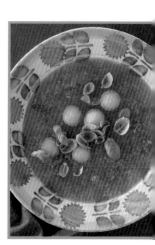

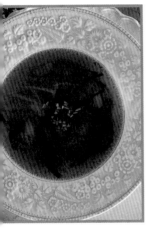

節日選湯

SPECIAL OCCASION SOUPS

素 甜瓜羅勒湯 *Melon and Basil Soup*

清爽可口、清涼消暑的水果湯，是炎炎夏日的好選擇。

材料（4～6人份）	
甜瓜	2個
細砂糖	$\frac{1}{2}$杯
水	$\frac{3}{4}$杯
萊姆（研磨成果皮和果汁）	1個
新鮮羅勒（切碎）	3大匙
羅勒葉（裝飾用）	

2 將細砂糖、水和萊姆皮放入平底鍋，微火加熱，攪拌至溶化後，再加熱2到3分鐘。稍微冷卻後，將其放入裝有甜瓜肉的攪拌器或食品加工器，充分攪拌，並加入剩下的萊姆果汁以增添鮮美。

3 將攪拌後的果汁混合液加入碎羅勒後冷藏。飾以羅勒葉和準備好的甜瓜球即可享用。

1 將甜瓜從中切成兩半，取籽丟掉。借助工具將甜瓜肉剜成20到24個小圓球，待做裝飾。將剩餘的瓜肉剜出，放入攪拌器或食品加工器。

烹飪小提示

分兩次添加萊姆汁，須根據甜瓜的甜度適量添加。

216

洋蔥甜菜根湯 *Red Onion and Beet Soup*

靚麗的寶石紅搭配上優格，在任何聚會上，這道美妙湯品絕對會令人驚豔。

材料（4～6人份）	
橄欖油	1大匙
紅洋蔥（切片）	350克
大蒜（搗碎）	2瓣
熟製甜菜根（切塊）	275克
蔬菜高湯或水	5杯
熟製義大利麵	1杯
覆盆子醋	2大匙
鹽和新鮮研磨的黑胡椒粉	
原味優格或布藍酸乳酪（Fromage blanc）和剪短的細香蔥（裝飾用）	

2 輕輕翻炒大約20分鐘，至洋蔥和大蒜變軟嫩。

3 加入甜菜根、蔬菜湯或水、義大利麵和醋翻炒。調味後飾以優格或乳酪和細香蔥即可。

1 在鍋中加入橄欖油加熱，再放入洋蔥和大蒜。

烹飪小提示
用熟大麥代替義大利麵，會有美妙的堅果味道。

義式小方餃甜菜根湯 *Beet Soup with Ravioli*

甜菜根和義大利麵的組合雖然不常見，但這道湯的味道也絕不遜色。

材料（4～6人份）

足量的義大利生麵糰	
蛋白（打勻）	1個
中筋麵粉（灑粉用）	
小洋蔥或青蔥	1個
大蒜（搗碎）	2瓣
茴香子	1小匙
雞湯或蔬菜高湯	2½杯
熟製甜菜根	225克
鮮橙汁	2大匙
茴香葉或蒔蘿葉（裝飾用）	
脆皮麵包（佐餐用）	

方餃餡材料

蘑菇（切碎）	115克
洋蔥或青蔥（切碎）	1個
大蒜（搗碎）	1至2瓣
百里香（切碎）	1小匙
巴西利（切碎）	1大匙
白麵包屑	6大匙
鹽和新鮮研磨的黑胡椒粉	
肉荳蔻粉適量	

❶ 所有的方餃餡材料放入食品加工器或攪拌器製成糊狀。

❷ 將義大利麵糰碾成一張張薄片，把薄片置於方餃盤中，然後放入1小匙的方餃餡。沿方餃邊刷上蛋白，把它和另一張薄片沿邊按合起來。在灑有麵粉的茶巾上放置約1小時再烹製。

❸ 在沸騰的水中加入鹽，將方餃放入煮2分鐘（分批煮，以免黏在一起），然後在冷水裡放5秒鐘即可取出。（也可以提前一天做好，冷藏在冰箱裡）

❹ 將洋蔥、大蒜和茴香子放入⅓杯的雞湯中煮滾，蓋上鍋蓋再煮5分鐘，至軟嫩即可。將甜菜根去皮並切丁，保留4大匙做裝飾，剩下的甜菜根放入未用的雞湯中煮滾。

❺ 最後放入橙汁和煮好的方餃，煮2分鐘。用淺湯碗盛放，用保留的甜菜根丁和新鮮的茴香葉或蒔蘿葉做裝飾。請搭配脆皮麵包即刻享用。

素 義大利蔬菜湯 *Italian Vegetable Soup*

這道湯做法簡單，其成功之處就在於高品質的高湯，所以務必要選用家中自製的蔬菜高湯。

材料（4人份）	
小胡蘿蔔	1個
青蒜	1根
芹菜	1根
甘藍菜	50克
蔬菜高湯	3¾杯
月桂葉	1片
熟製白豆	1杯
義大利麵（貝殼形、弓形、星形或彎管形）	¼杯
鹽和新鮮研磨的黑胡椒粉	
剪短的細香蔥（裝飾用）	

❶ 將胡蘿蔔、青蒜和芹菜切成長約5公分的細條，並將甘藍菜切碎。

❷ 將蔬菜湯和月桂葉放入鍋中，煮滾後加入胡蘿蔔、青蒜和芹菜，蓋上鍋蓋煮6分鐘，至軟即可，不要太嫩。

❸ 放入甘藍菜、白豆和義大利麵，不加鍋蓋再煮4到5分鐘，至蔬菜軟嫩即可，但義大利麵不要太軟。

❹ 拿掉月桂葉並調味。將湯舀至預熱的湯碗中，飾以修剪過的細香蔥，請即刻享用。

南瓜濃湯 Butternut Squash Bisque

這道湯不但精美別緻，而且香濃可口。

材料（4人份）

奶油或乳瑪琳	2大匙
小洋蔥（切碎）	2個
南瓜塊（削皮並去籽）	450克
雞湯	5杯
馬鈴薯塊	225克
辣椒粉	1小匙
鮮奶油（自選）	$\frac{1}{2}$杯
碎香蔥	$1\frac{1}{2}$大匙
整段的香蔥（裝飾用）	
鹽和新鮮研磨的黑胡椒粉	

❶ 將奶油或乳瑪琳放入鍋中加熱溶化，再放入洋蔥加熱5分鐘，至洋蔥變軟即可。

❷ 放入南瓜、雞湯、馬鈴薯和辣椒粉，煮滾時調至小火，並蓋上鍋蓋約35分鐘，直至南瓜和馬鈴薯全部煮軟。

❸ 將湯全部倒入攪拌器或食品加工器，攪拌均勻後放回鍋中，用鹽和黑胡椒粉調味，如果需要可加入適量奶油，然後再用小火緩緩加熱。

❹ 即將出鍋前放入碎香蔥，每份飾以整段的香蔥即可。

萊姆紅椒湯 *Red Pepper Soup with Lime*

鮮豔欲滴的紅椒讓這道湯品成為一道惹人喜愛的開胃菜或輕便午餐。如果要做為正餐，可用烘烤過的碎麵包片來點綴。

材料（4～6人份）	
大洋蔥（切碎）	1個
紅椒（去籽並切碎）	4個
橄欖油	1小匙
大蒜（搗碎）	1瓣
新鮮紅辣椒（切片）	1個
蕃茄醬	3大匙
雞湯	$3\frac{3}{4}$杯
萊姆（磨製果皮和果汁）	1個
鹽和新鮮研磨的黑胡椒粉	
萊姆碎皮（裝飾用）	

1 在鍋中先將油加熱，放入洋蔥和紅椒，蓋上鍋蓋加熱5分鐘，至食物變軟即可，須不時晃動鍋身。

2 放入大蒜、紅辣椒和蕃茄醬，再倒入一半量的雞湯。煮滾後，蓋上鍋蓋煮10分鐘。

3 稍做冷卻後，放入攪拌器或食品加工器。將製成的菜泥放回鍋中，並倒入剩餘的雞湯、萊姆皮和果汁一同加熱，再加入鹽和黑胡椒粉。

4 湯再次煮滾後，即可享用。可在湯碗裡灑落一些萊姆碎皮做裝飾。

蕃茄羅勒湯 Tomato and Fresh Basil Soup

夏末時節的完美選擇，這時蕃茄的味道是最鮮美的。

材料（4～6人份）

材料	份量
橄欖油	1大匙
奶油	2大匙
中等大小的洋蔥（切碎）	1個
義大利櫻桃蕃茄（大致切碎）	900克
大蒜（大致切碎）	1瓣
雞湯或蔬菜高湯	3杯
乾白酒	$\frac{1}{2}$杯
蕃茄醬	2大匙
新鮮碎羅勒	2大匙
整片的羅勒葉（裝飾用）	
鮮奶油	$\frac{2}{3}$杯
鹽和新鮮研磨的黑胡椒粉	

❶ 將橄欖油和奶油放入鍋中加熱至產生氣泡，再加入洋蔥炒5分鐘至洋蔥變軟，注意要經常翻動，以免洋蔥過熱變色。

❷ 加入切好的蕃茄和大蒜，倒入雞湯或蔬菜高湯、乾白酒和蕃茄醬，再用鹽和黑胡椒粉調味。煮滾後調至小火，鍋蓋半蓋煮20分鐘，注意須經常攪動，以免蕃茄黏鍋。

❸ 將湯和羅勒放入攪拌器或食品加工器，製成後用濾網濾到乾淨的鍋中。

❹ 倒入鮮奶油攪拌並加熱，但不要煮滾。根據濃度可添加雞湯或蔬菜高湯，調味後倒入預熱過的湯碗中，再飾以羅勒葉即可。請即刻享用。

野蘑菇湯 *Wild Mushroom Soup*

野蘑菇價格不菲，而且味道濃烈，只需少量即可。用牛肉高湯做蔬菜類湯品的湯底也許不常見，卻可以讓野蘑菇的風味更道地。

材料（4人份）

材料	份量
乾製的普羅奇尼菇	2杯
溫水	1杯
橄欖油	2大匙
奶油	1大匙
韭菜（切段）	2根
蔥頭（切碎）	2個
大蒜（大致切碎）	1瓣
新鮮野蘑菇	225克
牛肉高湯	5杯
百里香	$\frac{1}{2}$小匙
鮮奶油	$\frac{2}{3}$杯
鹽和新鮮研磨的黑胡椒粉	
百里香的嫩枝（裝飾用）	

3 將新鮮的野蘑菇切碎放入鍋中，用中火翻炒，直至蘑菇開始變軟。接著倒入牛肉高湯，煮滾後放入普羅奇尼菇、百里香、鹽和黑胡椒粉。將鍋蓋半蓋，用小火煮30分鐘，注意要不時攪拌。

4 將 $\frac{3}{4}$ 的湯倒入攪拌器或食品加工器，攪拌均勻後倒回鍋中，加入鮮奶油，和剩餘的湯一同加熱。根據濃度可添加牛肉高湯或水，調味後飾以百里香的嫩枝即可。

1 將普羅奇尼菇放入溫水中浸泡20到30分鐘，取出時盡可能擠出多餘的水分，然後切碎。

2 橄欖油和奶油放入鍋中加熱至產生氣泡，放入韭菜、蔥頭和大蒜炒至變軟。注意須經常翻動，以免過熱變色。

匈牙利酸櫻桃湯 *Hungarian Sour Cherry Soup*

這道水果湯充滿典型的匈牙利風味，它巧妙地利用了櫻桃的酸甜和飽滿，在夏天尤其受歡迎。麵粉可以添加水果湯的濃度，而少許的鹽可以讓冰鎮的水果湯更加鮮美。

材料（4人份）

中筋麵粉	1大匙
酸奶油	$\frac{1}{2}$ 杯
鹽	
細砂糖	1小匙
新鮮酸櫻桃或黑櫻桃（去核）	$1\frac{1}{2}$ 杯
水	$3\frac{3}{4}$ 杯
砂糖	$\frac{1}{4}$ 杯

① 將酸奶油和麵粉放入碗中攪拌均勻，調入鹽和細砂糖一小匙。

② 將櫻桃、水和 $\frac{1}{4}$ 砂糖放入鍋中，水滾後再煮大約10分鐘。煮好後從中取出2大匙留做裝飾。

③ 再取出2大匙加入準備好的麵粉和酸奶油混合物中，拌勻後淋在櫻桃上，煮滾後再用小火加熱5到6分鐘。

④ 包上保鮮膜冷卻，可用鹽調味，最後再倒入第二步驟中預留的櫻桃水即可。

蘋果湯 *Apple Soup*

選用新鮮採摘的蘋果，增添了這道湯的清香美味。

材料（6人份）

材料	用量
油	3大匙
甘藍（切塊）	1個
胡蘿蔔（切塊）	3個
芹菜（切塊）	2根
蕃茄（切塊）	2個
青椒（切塊並去籽）	1個
雞高湯	9杯
青蘋果	6個
中筋麵粉	3大匙
鮮奶油	$\frac{2}{3}$杯
砂糖	1大匙
檸檬汁	2至3大匙
鹽和新鮮研磨的黑胡椒粉	
檸檬片和脆皮麵包（佐餐用）	

① 在鍋中先將油加熱，再放入甘藍、胡蘿蔔、芹菜、青椒和蕃茄煎煮5到6分鐘，至蔬菜變軟即可。

② 倒入雞湯，煮滾後調至小火，約煮45分鐘。

③ 將蘋果削皮去核，切成小塊放入鍋中，再加熱15分鐘。

④ 混合中筋麵粉和奶油，調製好後緩緩倒入湯中並充分攪勻，添加糖和檸檬汁，再稍做調味即可。請搭配檸檬片和脆皮麵包享用。

酸辣湯 *Hot-and -Sour Soup*

經典的中國風味，別具一格，是用來暖身且開胃的好湯品。

材料（4人份）

乾木耳	10克
新鮮花菇（什塔克菇）	8個
豆腐	75克
竹筍（瀝乾後裝罐保存）	$\frac{1}{2}$ 杯
蔬菜高湯	$3\frac{3}{4}$ 杯
細砂糖	1大匙
米醋	3大匙
醬油	1大匙
紅辣椒油	$\frac{1}{4}$ 小匙
鹽	$\frac{1}{2}$ 小匙
白胡椒	
玉米粉	1大匙
冷水	1大匙
蛋白	1個
芝麻油	1小匙
蔥（切成蔥花，裝飾用）	2根

烹飪小提示

如果將這道美味的湯品轉換成簡便的一餐，只要加入更多的菇、豆腐以及竹筍。

❶ 將乾木耳在熱水中浸泡30分鐘左右至變軟。修剪掉較硬的底部，然後將木耳切碎。

❷ 將花菇去蒂，再把傘狀部分切成細條狀。將豆腐切成1公分邊長的小方塊，再把竹筍切成碎片。

❸ 將蔬菜高湯、蘑菇、豆腐、竹筍和木耳全部放入鍋中加熱至沸騰，然後調至小火約煮5分鐘。

❹ 加入糖、醋、醬油、紅辣椒油、鹽和白胡椒調味。將玉米粉加水調製成糊狀，然後加入湯中，攪拌均勻即可。

❺ 將蛋白輕輕打勻，緩緩倒入湯中。要不時攪動，至蛋白變色即可。

❻ 最後在出鍋前加入芝麻油。用長柄勺舀至預熱過的湯碗中，再飾以蔥花即可。

鮮梨豆瓣菜湯 *Pear and Watercress Soup*

這道湯的與眾不同在於它將梨子的甜美和豆瓣菜的微辣完美結合，再配以傳統的斯提耳頓乾酪，感受烤麵包的香脆可口。

材料（6人份）

豆瓣菜	1把
中等大小的梨（切片）	4個
雞高湯	$3\frac{3}{4}$杯
鮮奶油	$\frac{1}{2}$杯
萊姆汁	1顆
鹽和新鮮研磨的黑胡椒粉	

斯提耳頓麵包材料

奶油	2大匙
橄欖油	1大匙
剩餘麵包丁	3杯
斯提爾頓（Stilton）乾酪（切碎）	1杯

1 將豆瓣菜的葉和全部莖部放入平底鍋中，再放入梨和雞湯，稍做調味後加熱15到20分鐘左右。

2 留一些豆瓣菜葉做裝飾，將剩餘部分放入湯中，並立即在食品加工器中攪拌均勻。

3 將攪拌後的混合液倒入碗中，加入鮮奶油和萊姆汁，攪均後再次調味。將湯再倒入平底鍋中，輕輕攪拌至完全加熱。

4 製作斯提爾頓麵包時，將奶油和橄欖油加熱溶化後，放入麵包塊煎至呈現金棕色。用吸油紙去油後，先在頂部放上乾酪，再置於烤架下方烘烤，至生氣泡即可。

5 將湯倒入預熱的湯碗中，飾以預留的豆瓣菜葉，佐以烤麵包即可。

素 幻想家蔬菜湯 *Stargazer Vegetable Soup*

如果你有充裕的時間，不妨親手製作高湯，蔬菜高湯、雞湯和魚高湯都可以。

材料（4人份）

黃甜椒	1個
綠皮西葫蘆	2個
胡蘿蔔	2個
甘藍	1顆
蔬菜高湯	$3\frac{3}{4}$ 杯
米粉	50克
鹽和新鮮研磨的黑胡椒粉	

① 將黃椒切成四份，再把籽和核去掉。將西葫蘆和胡蘿蔔縱向切成厚約5公厘的長片，再將甘藍切成厚約5公厘的圓片。

② 用星形的切割器或小刀將蔬菜切成星形或其他形狀。

烹飪小提示

用少量的油輕煎剩餘的蔬菜，再放入糙米，就可以製成美味的義大利調味飯。

③ 將切割後的蔬菜和高湯放入平底鍋中約煮10分鐘，至蔬菜變軟嫩即可，再用鹽和黑胡椒粉調味。

④ 同時將米粉放入碗中，倒入熱開水放置4分鐘。去水後分置於預熱的湯碗中，再用長柄勺將湯舀入，即可享用。

素 菠菜義式米湯 *Spinach and Rice Soup*

鮮嫩的菠菜葉加上義大利米飯，這道湯口感恬淡並且清新。

材料（4人份）

新鮮菠菜（洗淨）	675克
特級橄欖油	3大匙
小洋蔥（切碎）	1個
大蒜（切碎）	2瓣
小紅辣椒（去籽並切碎）	1個
義大利米飯	$\frac{1}{2}$杯
蔬菜高湯	5杯
鹽和新鮮研磨的黑胡椒粉	
磨製的佩克里諾（Pecorino）乳酪（佐餐用）	4大匙

❶ 將洗淨的菠菜放入平底鍋內並加水，水的位置不超過菠菜葉。加入一大撮鹽，加熱至菠菜軟透，取出菠菜，瀝乾後充分切碎，並保留菠菜汁。

❷ 在鍋中將油加熱，放入洋蔥、大蒜和辣椒，煎煮4到5分鐘至蔬菜變軟即可。再加入米飯，充分翻炒後倒入高湯和保留的菠菜汁。

❸ 煮滾後調至小火，約煮10分鐘。再放入菠菜，烹製5到7分鐘至米飯變軟嫩。用鹽和新鮮研磨的黑胡椒粉調味，最後以佩克里諾乳酪佐餐即可。

花椰菜鯷魚義大利麵湯 *Broccoli, Anchovy, and Pasta Soup*

這道湯來自義大利南部的阿普利亞，在那裡，花椰菜經常和鯷魚一同入菜烹製。

材料（4人份）

橄欖油	2大匙
小洋蔥（切碎）	1個
大蒜（切碎）	1瓣
新鮮紅辣椒（去籽並切碎）	$\frac{1}{4}$至$\frac{1}{3}$個
罐裝鯷魚（瀝乾）	2片
蕃茄醬	1杯
乾白酒	3大匙
蔬菜高湯	5杯
青花菜	2杯
義式耳朵麵	$1\frac{3}{4}$杯
鹽和新鮮研磨的黑胡椒粉	
磨製的佩克里諾（Pecorino）乳酪（佐餐用）	

1 在鍋中先將油加熱，放入洋蔥、大蒜、紅辣椒和鯷魚片，用小火加熱5到6分鐘，須不時攪拌。

2 加入蕃茄醬和乾白酒，再用鹽和黑胡椒粉調味。煮滾後，蓋上鍋蓋並調至小火加熱12到15分鐘，要適時攪拌。

3 倒入蔬菜高湯，煮滾後加入花椰菜，約煮5分鐘。接著加入義式耳朵麵，再次煮滾後繼續加熱7到8分鐘，或根據包裝上的說明進行操作，煮至義大利麵軟硬適中。

4 調味後倒入預熱的湯碗中，以佩克里諾乳酪佐餐即可。趁熱享用。

清煮義式圓餃湯 Consomme with Agnolotti

這道濃郁的清煮肉湯中，蝦、螃蟹和雞肉的鮮美各個不同凡響，絕對令你滿足。

材料（4～6人份）

熟製蝦（去殼）	75克
罐裝螃蟹（瀝乾）	75克
新鮮研磨的薑根	1小匙
新鮮白麵包屑	1大匙
醬油	1小匙
香蔥（切碎）	1個
大蒜（搗碎）	1瓣
蛋白（打勻）	1個
清煮雞湯或魚湯	400克
雪利酒或苦艾酒	2大匙
鹽和新鮮研磨的黑胡椒粉	

義大利圓餃材料

中筋麵粉	$1\frac{3}{4}$ 杯
鹽	
雞蛋	2個
冷水	2小匙

配飾菜材料

熟製蝦（去殼）	50克
新鮮芫荽葉	

1 做義大利圓餃時，先將麵粉和鹽灑在潔淨的工作臺板上，用手將麵粉堆起，並在中間挖洞。

2 將雞蛋和水倒入洞中，用叉子將其打勻，然後從邊上開始緩慢倒向麵粉。

3 當麵粉變得稠厚而無法使用叉子時，用手揉捏約5分鐘，直至變成光滑的麵糰。然後用薄膜將麵糰裹好以防乾裂，放置20到30分鐘即可。

4 同時將蝦、蟹肉、薑、麵包屑、醬油、香蔥、大蒜和調味料全部放入食品加工器或攪拌器中，攪拌均勻以做餃餡。

5 將麵糰碾成薄片，用義大利麵切割器做出32個直徑為5公分的薄片。

6 將1小匙的餡放在薄片中央，沿邊刷上蛋白，用另一張薄片將餡夾在中間，並沿邊按合起來。

7 在平底鍋中放入水，加鹽並煮滾，再放入義大利圓餃（分批煮，以免黏在一起）。再放在冷水裡冷卻5秒鐘即可取出。（可以提前一天做好，冷藏在冰箱裡）

8 將清煮雞湯或魚湯放入平底鍋中加熱，再倒入雪利酒或苦艾酒。接著將煮熟的義大利圓餃放入，再燜1到2分鐘。

9 享用時，飾以去皮的蝦和芫荽葉即可。

牡蠣湯 *Oyster Soup*

牡蠣特有的鮮美讓這道湯的口味與眾不同。

材料（6人份）

材料	份量
牛奶	2杯
淡味鮮奶油	2杯
剝殼牡蠣（瀝乾，保留牡蠣汁）	5杯
辣椒粉	
奶油	2大匙
鹽和新鮮研磨的黑胡椒粉	
新鮮碎巴西利（裝飾用）	1大匙

① 在鍋中放入牛奶、淡味鮮奶油和牡蠣汁。

② 用中火加熱，注意不要煮滾，至鍋邊有氣泡冒出即可，然後調至小火，放入牡蠣。

③ 適時攪拌，至牡蠣變得豐滿且邊緣開始捲曲即可。加入辣椒粉、鹽和黑胡椒粉調味。

④ 同時，將奶油切成6份並分別放入6個預熱的湯碗中。最後用長柄勺將湯舀出，再用巴西利點綴，即可享用。

鮮蟹蘆筍湯 *Asparagus Soup with Crab*

這道湯碧綠優雅,不僅有蘆筍的香醇,更有鮮蟹做其昂貴的裝飾。

材料（6~8人份）	
新鮮蘆筍	1500克
奶油	2大匙
雞湯	$6\frac{1}{4}$杯
玉米粉	2大匙
冷水	2至3大匙
鮮奶油	$\frac{1}{2}$杯
鹽和新鮮研磨的黑胡椒粉	
雪蟹肉（裝飾用）	175至200克

1 切除蘆筍的底部,剩下的嫩莖切段,長約2.5公分。

2 用中火在鍋中將奶油溶化,放入蘆筍煮5到6分鐘,至蘆筍呈鮮綠色即可,要不時攪拌。

3 加入雞湯,用大火加熱至沸騰,撈掉浮面上的泡沫。再用中火加熱3到5分鐘,至蘆筍變嫩,此時取出12到16個蘆筍段留做裝飾。將湯稍做調味後,再加熱15到20分鐘,至蘆筍軟嫩即可。

4 將湯放入攪拌器或食品加工器中充分攪拌,再用食物研磨器磨製後倒回鍋中,並用中火將湯再次煮滾。最後將玉米粉和水混合攪勻後倒入湯中,然後再放入鮮奶油和調味料。

5 享用時用長柄勺將湯舀入湯碗,再飾以一匙蟹肉和少許預留的蘆筍段即可。

蛤蜊玉米濃湯 Clam and Corn Chowder

濃鹽水罐裝或瓶裝的蛤蜊通常很新鮮，可以用來代替鮮活蛤蜊。但是在烹製過程中，要丟棄雙殼緊閉的蛤蜊。

材料（4人份）	
鮮奶油	1¼杯
無鹽奶油	6大匙
小洋蔥（切碎）	1個
蘋果（去核並切片）	1個
大蒜（搗碎）	1瓣
咖哩粉	3大匙
小甜玉米	3杯
熟製馬鈴薯	225克
熟製珍珠洋蔥	24個
魚高湯	2½杯
小蛤蜊	40個
鹽和新鮮研磨的黑胡椒粉	
萊姆（裝飾用，自選）	8片

❸ 在另一鍋中，將剩餘的奶油溶化，加入小甜玉米、馬鈴薯和小洋蔥，輕煎5分鐘後調高火溫，再倒入魚高湯和上一步驟中的奶油混合物，煮沸。

❹ 加入蛤蜊，燜煮至蛤蜊殼張開，要丟棄兩殼緊閉的蛤蜊。用鹽和新鮮研磨的黑胡椒粉調味，最後依據個人喜好，享用時飾以萊姆片即可。

❶ 鮮奶油倒入小煮鍋中用大火加熱，至體積減半即可。

❷ 在大平底鍋中，將一半量的奶油溶化，放入蘋果、洋蔥、大蒜和咖哩粉，輕煎至洋蔥呈現半透明狀。再倒入鮮奶油，充分攪拌。

番紅花淡菜湯 *Saffron-Mussel Soup*

這是法國最美味可口的海鮮湯之一。日常食用時，法國人通常將淡菜帶殼烹製，再配上足量的法國麵包。

材料（4～6人份）

無鹽奶油	3大匙
青蔥（切碎）	8根
香料	1束
黑胡椒粒	1小匙
乾白酒	$1\frac{1}{2}$杯
淡菜（洗淨並去鬚）	1000克
中等長度的韭菜（修剪並切碎）	2根
茴香球莖（切碎）	1個
胡蘿蔔（切碎）	1個
番紅花	
魚高湯或雞湯	4杯
玉米粉（與3大匙的冷水混合攪拌）	2至3大匙
鮮奶油	$\frac{1}{2}$杯
中等大小的蕃茄（去皮，去籽，切碎）	1個
Pernod酒或其它茴香風味的酒	2大匙
鹽和新鮮研磨的黑胡椒粉	

❶ 在平底鍋中，用中火將一半量的奶油溶化，再放入一半量的青蔥，煎1到2分鐘至青蔥變柔軟但不變色。放入香料束、胡椒粒和乾白酒，煮熟後再放入淡菜，蓋緊鍋蓋用大火加熱3到5分鐘至淡菜殼張開即可，須不時晃動鍋身。

❷ 用漏勺將淡菜撈出放入碗中，再將淡菜湯汁用棉布網篩進行過濾並保留。

❸ 打開淡菜殼，將淡菜肉取出。丟棄未開口的淡菜。

❹ 用中火將剩餘的奶油溶化，再放入剩餘的青蔥，煎1到2分鐘後加入韭菜、茴香、胡蘿蔔和番紅花，煎3到5分鐘即可。

❺ 倒入預留的淡菜湯汁，煮滾後再加熱5分鐘至蔬菜變軟嫩且湯汁有所減少。倒入魚高湯或雞湯煮滾，要撈掉浮面上的泡沫，用鹽和黑胡椒粉調味後，再加熱5分鐘。

❻ 將和水攪拌好的玉米粉加入湯中，燜2到3分鐘至湯變濃。然後加入奶油、淡菜肉和蕃茄，倒入茴香酒再煮1到2分鐘加熱即可。請儘快享用。

海鮮雲吞湯 *Seafood-Won-Ton Soup*

雲吞湯是一道極受歡迎的料理。傳統的雲吞都是用豬肉製成的，而這道海鮮雲吞湯則是傳統雲吞的創新。

材料（4人份）	
明蝦	50克
皇后扇貝	50克
無皮鱈魚片（大致切碎）	75克
新鮮細香蔥（剪短）	1大匙
乾雪利酒	1小匙
蛋白（輕微打勻）	1個
芝麻油	$\frac{1}{2}$小匙
鹽	$\frac{1}{4}$小匙
白胡椒粉	1大撮
雲吞皮	20張
萵苣葉（切碎）	2片
魚高湯	$3\frac{3}{4}$杯
新鮮芫荽葉和韭菜（裝飾用）	

3 將鱈魚片放入食品加工器中，攪拌至黏糊狀，然後將其刮出放入碗中，再放入蝦段、扇貝塊、香蔥、雪利酒、蛋白、芝麻油、鹽和白胡椒。充分混合後，加蓋放置於陰涼處醃泡20分鐘便完成海鮮餡。

5 在鍋中將水煮滾，放入雲吞，待水再次沸騰後調低火溫，再煮約5分鐘或至雲吞浮起來即可。將雲吞取出並瀝乾，然後放入預熱的湯碗中。

6 將萵苣葉分置於湯碗中，再將煮滾的魚高湯舀至萵苣葉上，最後飾以芫荽葉和韭菜。請儘快享用。

1 將蝦去殼及腸線，洗淨後用吸紙擦乾，再切成小段。

4 製作雲吞時，將1小匙的海鮮餡放於雲吞皮中央，再將四角合起。可依個人喜好用細香蔥捆住雲吞。

烹飪小提示

將雲吞提前做好放入冰箱，可冷凍數周，烹製時直接取出即可。

2 將扇貝洗淨擦乾，切成小塊，要與蝦段同等大小。

龍蝦濃湯 *Lobster Bisque*

龍蝦是海生甲殼類中的極品，烹製後會變成炫目的紅色。這道湯成本昂貴，不愧為慶功宴上的首選。

材料（4人份）

約675克熟製龍蝦	1隻
植物油	2大匙
奶油	$\frac{1}{2}$ 杯
青蔥（切碎）	2根
檸檬汁	約半顆
白蘭地	3大匙
月桂葉	1片
新鮮巴西利（1根裝飾用）	2根
豆蔻葉	1片
魚高湯	5杯
中筋麵粉	3大匙
鮮奶油	3大匙
鹽和新鮮研磨的黑胡椒粉	
紅辣椒粉（裝飾用）	

❶ 將烤箱預熱至180度，將龍蝦平放後縱向分割，去除掉胃囊、腸部以及龍蝦卵。

❷ 用大鍋加熱植物油和2大匙的奶油，再放入龍蝦輕煎5分鐘（要將蝦肉面朝下）。加入青蔥、檸檬汁和白蘭地，再放入烤箱加熱15分鐘。

❸ 將龍蝦肉取出，把龍蝦殼和汁液放入另一鍋中，加入月桂葉、1根巴西利、豆蔻葉和魚高湯煮30分鐘。去水後，將1大匙的龍蝦肉切碎，再攪拌剩餘的龍蝦肉和3大匙的奶油。

❹ 將剩餘的奶油溶化，加入麵粉用小火加熱30秒，再倒入煮好的高湯煮至沸騰，要經常攪拌。最後放入攪拌過的龍蝦肉和奶油，再調味即可享用。

❺ 享用時，飾以切碎的龍蝦肉、少量紅辣椒粉和另一根巴西利即可。

雞蛋結對蝦湯 *Shrimp and Egg-Knot Soup*

這道湯不僅別緻，風格也很獨特，是歡慶節日時的好選擇。

材料（4人份）

昆布和鰹魚高湯或即食魚湯	$3\frac{3}{4}$杯
醬油	1小匙
日本清酒或乾白酒	
鹽	
蔥（切片，裝飾用）	1根

蝦丸材料

明蝦（去殼，解凍）	200克
鱈魚片（去皮）	65克
蛋白	1小匙
日本清酒或乾白酒	1小匙
玉米粉或馬鈴薯粉	$4\frac{1}{2}$小匙
醬油	2至3滴

煎蛋材料

雞蛋（打勻）	1個
米霖酒	
蔬菜油	

① 先將對蝦的腸線去掉，然後將明蝦、鱈魚、蛋白、清酒或乾白酒、玉米粉或馬鈴薯粉、醬油和少許鹽放入食品加工器中，混合攪拌成糊狀。也可以先將對蝦和鱈魚切碎，放入研缽中研碎，再加入其他材料。

② 將混合物揉製成4個圓球，用大火蒸10分鐘以上。同時將蔥放入冷水中浸泡5分鐘，然後去水。

③ 製作煎蛋時，先將雞蛋、鹽和米霖酒混合。在煎鍋中將油加熱，倒入雞蛋，將鍋身稍稍傾斜，讓雞蛋鋪平煎勻，再將雞蛋翻面煎30秒，之後放置冷卻。

④ 煎蛋切成寬約2公分的長條狀，將每條都打成結。放在篩網上，用開水沖燙去油。將高湯煮滾，加入醬油、鹽和少許清酒或乾白酒。享用時，將蝦球和雞蛋結分置在湯碗中，倒入高湯，再飾以蔥即可。

泰式魚湯 *Thai Fish Soup*

泰國魚露富含維他命B，在泰式烹飪中廣泛被使用，泰國或印尼商店和超市裡都可以買到魚露。

材料（4人份）

大對蝦	350克
花生油	1大匙
雞湯或魚高湯	5杯
檸檬草梗（搗碎）	1根
卡非爾萊姆葉（撕碎）	2片
萊姆果（研磨成果皮和果汁）	1個
新鮮綠辣椒（去籽切絲）	$\frac{1}{2}$個
扇貝	4個
淡菜（洗淨）	24個
魚片（切成2公分的大片）	115克
魚露	2小匙

裝飾配菜

卡非爾萊姆葉（撕碎）	1片
新鮮紅辣椒（切絲）	$\frac{1}{2}$個

① 將對蝦去殼及腸線，並保留蝦殼。在鍋中先將油加熱，放入蝦殼煎至粉紅色，再倒入雞湯或魚高湯、萊姆葉、萊姆皮和綠辣椒，煮滾後再煮20分鐘，然後用篩網過濾並保留。

② 將扇貝肉切成兩半。

③ 將高湯倒入乾淨的鍋中，加入對蝦、淡菜、魚和扇貝加熱3分鐘，關火後加入萊姆汁和魚露。最後飾以碎萊姆葉和紅辣椒絲即可。

航海家煮菜湯 *Seafarer's Stew*

任何種類的魚都可用來烹製這道料理，但絕不可少了黑線鱈魚，它是這道湯品的魅力所在。

材料（4人份）

天然燻製的鱈魚片	225克
新鮮鮟鱇魚片	225克
淡菜（洗淨）	20個
培根（自選）	2片
橄欖油	1大匙
蔥（切碎）	1根
胡蘿蔔（大致磨碎）	225克
淡味鮮奶油或鮮奶油	$\frac{2}{3}$杯
熟製對蝦（去殼）	115克
鹽和新鮮研磨的黑胡椒粉	
新鮮碎巴西利（裝飾用）	2大匙

① 在一口厚底的大平底鍋中，放入鱈魚片和鮟鱇魚片，加入5杯的水，加熱5分鐘後放入淡菜並加上鍋蓋。

② 約煮5分鐘至淡菜雙殼張開，丟掉未開口的淡菜。然後過濾並將魚湯倒入乾淨的平底鍋中保留。

③ 將鱈魚大致剝成薄片，並去掉魚骨和皮，再把鮟鱇魚切成厚塊。加入培根，將其切成細條即可。

④ 在煎鍋中將油加熱，放入蔥和培根煎3到4分鐘，或至蔥變軟且燻肉變色即可。將其放入預留的魚湯中，再加入胡蘿蔔煮10分鐘。

⑤ 放入奶油、鱈魚、鮟鱇魚、淡菜和對蝦緩緩加熱，但不要煮滾。調味後倒入湯碗中，飾以巴西利即可享用。

鮮蟹玉米濃湯 Corn and Crab Bisque

經典的路易斯安那風味，給人絕對奢華的享受。一定要精心挑選新鮮的螃蟹，蟹殼和玉米穗軸是這道湯品香甜濃郁的奧秘所在。

材料（8人份）

大玉米	4個
月桂葉	2片
約1000克熟製螃蟹	1隻
奶油	2大匙
中筋麵粉	2大匙
鮮奶油	$1\frac{1}{4}$杯
蔥（切碎）	6根
卡宴辣椒粉	
鹽和新鮮研磨的黑胡椒粉和白黑胡椒粉	
法式麵包或麵包棒（佐餐用）	

1 去掉玉米的外皮和穗頭，將玉米粒剝下。

2 將玉米粒放置一邊，把玉米穗軸放入鍋中，加入$12\frac{1}{2}$杯的水、月桂葉和2小匙的鹽，煮滾後調至小火繼續加熱。

3 將蟹鉗之間的封蓋揭去，用手掌末端用力按壓。

4 掀去螃蟹的後殼並保留。

5 取掉螃蟹嘴部和下方腹部的液囊。

6 將臍部周圍的腮毛去掉，再取出褐色的蟹肉。

7 將蟹鉗敲裂，取出裡面的蟹肉，再取出白色的蟹肉。將蟹腿和所有蟹殼放入鍋中與玉米穗軸一同加熱15分鐘，然後將其過濾至乾淨的鍋中，用大火滾煮，至湯剩下9杯即可。

8 同時，在平底鍋中將奶油溶化，灑入麵粉並用小火加熱，至麵糊呈乳白色即可，須不時攪拌。

9 關火後，緩緩倒入1杯的高湯再加熱，至濃稠後再倒入濾過的高湯。加入玉米粒，煮滾後再煮5分鐘。

10 加入蟹肉、鮮奶油和蔥，再用紅辣椒粉、鹽和黑胡椒粉調味。煮滾後再煮2分鐘。享用時用法式麵包或麵包棒佐餐即可。

大蒜辣椒海鮮湯 *Seafood Soup with Rouille*

這道來自法國的魚湯使用大量的番紅花和香草，口感滑膩、芬芳四溢。佐以香辣的大蒜辣椒醬，更添情調。

材料（6人份）

紅鯔魚（去鱗，去內臟）	3條
大對蝦	12隻
白色或銀灰色的魚（例如鱈魚、黑線鱈、大比目魚或紅鯔）	675克
淡菜	225克
洋蔥（切成四份）	1個
清水	5杯
番紅花絲	1小匙
橄欖油	5大匙
茴香球莖（大致切碎）	1個
大蒜（搗碎）	4瓣
橙皮（條片狀）	3片
百里香	4枝
蕃茄675克或罐裝碎蕃茄400克	
蕃茄醬	2大匙
月桂葉	3片
鹽和新鮮研磨的黑胡椒粉	

大蒜辣椒醬材料

紅甜椒（去籽，大致切碎）	1個
新鮮紅辣椒（去籽並切絲）	
大蒜（切碎）	2瓣
橄欖油	5大匙
新鮮麵包屑	$\frac{1}{4}$杯

① 製作大蒜辣椒醬時，將紅甜椒、紅辣椒、大蒜、橄欖油和麵包屑放入食品加工器或攪拌器中，攪拌均勻後放入餐碟當中冷卻。

② 將紅鯔去骨並切片，保留魚頭和魚骨，再將魚片切成小塊；將一半量的對蝦去殼，並將蝦殼保留用於高湯；將白魚去骨去皮再切塊；洗淨淡菜並丟棄已開口的。

③ 將魚頭、魚骨和蝦殼放入鍋中，加入洋蔥和水，煮滾後調至小火，再煮30分鐘，然後稍作冷卻並過濾。

④ 將番紅花浸泡在1大匙的開水中。在鍋中先將2大匙的油加熱，放入紅鯔和白魚，用大火煎1分鐘，然後將油瀝乾。

⑤ 加熱剩餘的橄欖油，將茴香、大蒜、橙皮和百里香放入，煎至開始變色。再將高湯加水調至5杯。

⑥ 如果選用新鮮的蕃茄，須將其投入開水中煮30秒，再放到冷水，然後去皮並切碎。將湯倒入平底鍋，加入番紅花、蕃茄醬和月桂葉，稍做調味，煮到即將沸騰時調成小火，再加蓋燜20分鐘。

⑦ 加入紅鯔、白魚、淡菜、去殼和未去殼的對蝦，再加蓋烹製3到4分鐘，要丟棄未開口的淡菜。最後以大蒜辣椒醬佐餐即可。

鱈魚巧達濃湯 *Creamy Cod Chowder*

濃烈的燻鱈魚和香甜的奶油形成格外鮮明的對比，適合做為清淡主菜前的開胃湯，尤其適合搭配溫熱的脆皮全麥麵包。

材料（4～6人份）

燻鱈魚片	350克
小洋蔥（切碎）	1個
月桂葉	1片
黑胡椒	4粒
牛奶	3¾杯
玉米粉	2小匙
冷水	2小匙
甜玉米粒	200克
新鮮碎巴西利	1大匙
脆皮全麥麵包（佐餐用）	

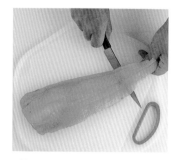

❶ 用刀具將魚去皮再放入鍋中，再放入洋蔥、月桂葉、黑胡椒粒和牛奶。

❷ 煮滾後調至小火，燜12到15分鐘至魚肉剛熟即可，不要熟透。

❸ 用漏勺將魚片取出，並將其剝成大塊，再除去月桂葉和胡椒粒。

❹ 將玉米粉和水混合，攪拌成均勻糊狀，再放入鍋中加熱，沸騰後再煮1分鐘，至高湯變稠。

❺ 將甜玉米粒瀝乾，與魚塊和碎巴西利一起放入鍋中。

❻ 將湯再次加熱，注意不要煮滾。用長柄勺將湯舀入湯碗中，以熱的全麥麵包佐餐即可。請即刻享用。

烹飪小提示

前一天製好的奶油羹味道更濃郁。可將其冷藏在冰箱裡，享用之前用小火加熱，須注意保持鱈魚塊的完整。

蛤蜊羅勒湯 *Clam and Basil Soup*

微辣和淡甜的完美組合，是節日晚宴上最理想的開胃湯。

材料（4～6人份）

橄欖油	2大匙
中等大小的洋蔥（切碎）	1個
新鮮或乾百里香的葉子（切碎）	
大蒜（搗碎）	2瓣
新鮮羅勒葉（多備一些裝飾用）	5至6片
碎製紅辣椒（調味用）	$\frac{1}{4}$至$\frac{1}{2}$小匙
魚高湯	4杯
蕃茄醬	$1\frac{1}{2}$杯
砂糖	1小匙
冷凍豌豆	1杯
義大利麵（可選形狀特殊的）	$\frac{2}{3}$杯
去殼的冷凍蛤蜊	225克
鹽和新鮮研磨的黑胡椒粉	

❷ 加入魚高湯、蕃茄醬和糖，用鹽和黑胡椒粉調味。煮滾後調至小火，約燜15分鐘，注意要不時攪拌。然後放入豌豆，再煮5分鐘。

❸ 將義大利麵放入湯中並不時攪拌，煮滾後調至小火，再燜約5分鐘，或者依據包裝上的說明，煮至軟硬適中即可。

❹ 火溫調低，放入蛤蜊加熱2到3分鐘左右。調味後將湯倒入預熱的湯碗中，飾以羅勒葉即可。

❶ 在鍋中先將油加熱，放入洋蔥，用小火輕煎5分鐘至柔軟且未變色即可。再加入百里香、大蒜、羅勒葉和紅辣椒。

烹飪小提示

去殼的冷凍蛤蜊通常可以在超市或魚販那裡買到，如果買不到，可將瓶裝或罐裝的蛤蜊放在原汁中；除此之外，義式熟食店裡會有罐裝的蛤蜊。這幾種蛤蜊外觀和味道都不錯，價格也不貴。

雞肝義大利麵湯 *Pasta Soup with Chicken Livers*

這道湯既可用來做為開胃湯，也可做為主菜。湯裡的煎雞肝味道極其誘人，即使是不喜歡吃雞肝的人，也會對這道湯品垂涎三尺。

材料（4～6人份）

雞肝	$\frac{1}{2}$杯
橄欖油	1大匙
奶油	1小塊
大蒜（搗碎）	4瓣
新鮮巴西利，墨角蘭和鼠尾草（切碎）	各1枝
新鮮羅勒葉（切碎）	5至6片
新鮮百里香（切碎）	1枝
乾白酒	1至2大匙
300克濃縮雞湯	2罐
冷凍的豌豆	2杯
義大利麵（如蝶形）	$\frac{1}{2}$杯
香蔥（斜刀切碎）	2至3個
鹽和新鮮研磨的黑胡椒粉	

1 將雞肝切成小塊。在煎鍋裡先將橄欖油和奶油加熱，放入所有香草，再用鹽和黑胡椒粉調味，輕煎幾分鐘，然後放入雞肝，調至大火炒幾分鐘，至雞肝變色變乾，再加入乾白酒煮至其揮發即可關火。

2 將兩罐濃縮雞湯全部倒入一口大湯鍋中，並按標籤上的說明加入適量的水。接著再多加一罐水，然後放入鹽和黑胡椒粉調味，煮至沸騰。

3 加入豌豆再煮5分鐘，然後放入義大利麵，再次將湯煮至沸騰，注意須不時攪拌。如果需要，可以再燜5分鐘，至麵食軟硬適中。

4 加入香蔥和煎熟的雞肝，均勻加熱2到3分鐘。調味後，在預熱的湯碗中趁熱享用。

椰汁雞肉薑湯 *Ginger, Chicken and Coconut Soup*

湯裡的椰奶、乾薑、檸檬草和卡非爾萊姆，讓這道湯香氣濃郁。

材料（4～6人份）

椰奶	3杯
雞湯	2杯
檸檬草梗（研磨並切碎）	4枝
長2.5公分薑（切碎）	1片
黑胡椒（搗碎）	10粒
卡非爾萊姆（泰國檸檬）葉（撕碎）	10片
去皮無骨的雞肉（切條）	300克
草菇	115克
小甜玉米	$\frac{1}{2}$杯
萊姆汁	4大匙
魚露	3大匙

裝飾配菜

紅辣椒（切絲）	2個
香蔥（切絲）	3至4個
新鮮芫荽（切絲）	

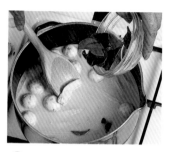

② 將湯過濾至乾淨的平底鍋並再次加熱，放入雞肉、蘑菇、小甜玉米，再烹製5到7分鐘，至雞肉煮熟。

③ 加入萊姆汁和魚露進行調味，再放入剩餘的萊姆葉。飾以紅辣椒、香蔥和芫荽即可，請趁熱享用。

① 將椰奶和雞湯倒入鍋中煮滾，再加入檸檬草、薑、胡椒粒和一半的萊姆葉，然後調至小火加熱10分鐘。

義式漿果牛肉湯 *Indian Beef and Berry Soup*

新鮮的漿果為這道湯帶來無限的愉悅和樂趣。

材料（4人份）

植物油	2大匙
嫩牛排	450克
中等大小的洋蔥（切碎）	2個
奶油	2大匙
優質的牛肉高湯或牛肉清湯	4杯
鹽	$\frac{1}{2}$小匙
新鮮越橘果、藍莓或黑莓（大致攪碎）	1杯
蜂蜜	1大匙

❷ 調至小火，放入洋蔥和奶油，輕煎8到10分鐘至洋蔥變柔軟，要充分攪拌。

❹ 同時，將牛排切成細條形的薄片，放入平底鍋中用小火輕煎30秒即可享用，注意須要不停翻動。可依個人口味在湯裡添加鹽和蜂蜜。

❶ 在鍋中先將油加熱至冒煙，放入牛排，用中火將其兩面煎至呈現褐色即可取出。

❸ 倒入牛肉高湯或牛肉清湯，加鹽並充分攪拌，煮至沸騰。再放入碎漿果和蜂蜜，燜煮20分鐘。

國家圖書館出版品預行編目資料

湯品燉煮事典／黛泊拉‧梅修（Debra Mayhew）著；
方蓉、劉彥君合譯. --二版. -- 臺中市：晨星, 2019.03
　　面；　公分. --（Chef Guide：5）

譯自：The Cook's Encyclopedia of Soup

ISBN　978-986-443-853-2（精裝）

1.食譜　2.湯

427.1　　　　　　　　　　　　　　　　108002244

 Chef Guide **5**

湯品燉煮事典

作者	黛泊拉‧梅修（Debra Mayhew）
翻譯	方蓉、劉彥君
主編	莊雅琦
執行編輯	劉容瑄
封面設計	柯俊仰
美術排版	黃偵瑜

可至線上填回函！

創辦人	陳銘民
發行所	晨星出版有限公司
	台中市西屯區工業30路1號1樓
	TEL：(04)2359-5820　FAX：(04)2355-0581
	行政院新聞局局版台業字第2500號
法律顧問	陳思成律師
初版	西元2006年12月31日
二版	西元2019年3月11日
總經銷	知己圖書股份有限公司
	106台北市大安區辛亥路一段30號9樓
	TEL：02-23672044／23672047　FAX：02-23635741
	407台中市西屯區工業30路1號1樓
	TEL：04-23595819　FAX：04-23595493
	E-mail：service@morningstar.com.tw
	網路書店 http://www.morningstar.com.tw
讀者專線	04-23595819 # 230
郵政劃撥	15060393（知己圖書股份有限公司）
印刷	上好印刷股份有限公司

定價560元
ISBN 978-986-443-853-2

"The Cook's Encyclopedia of Soup" Copyright©Anness Publishing
Limited, U.K. 2000 Copyright©Complex Chinese translation,
Morning Star Publishing Inc. 2006 Printed in Taiwan